Special

트리콜로지스트 워크북

JN442547

Special

Trichologist Workbook

구민사

저자 소개

곽진만(소속 : 사단법인 뷰티창업경영전문가협회, 대구보건대학교)

김미정(소속 : 대구보건대학교)

이세희(소속 : 경북보건대학교)

함선화(소속 : 백석문화대학교)

김성아(소속 : 대경대학교)

Special **Trichologist Workbook**

트리콜로지스트 워크북 개정판

초 판 인 쇄 | 2020년 8월 10일
초 판 발 행 | 2020년 8월 20일
개정1판발행 | 2023년 2월 28일

저 자 | 곽진만 · 김미정 · 이세희 · 함선화 · 김성아
발 행 인 | 조규백
발 행 처 | 도서출판 구민사
(07293) 서울시 영등포구 문래북로 116, 604호(문래동 3가 46, 트리플렉스)
전 화 | (02) 701-7421~2
팩 스 | (02) 3273-9642
홈 페 이 지 | www.kuhminsa.co.kr
신 고 번 호 | 제 2012-000055호(1980년 2월 4일)
I S B N | 979-11-6875-212-2 (13590)

정 가 | 18,000원

Preface

머 리 말

정보통신기술의 발달로 인하여 현대사회는 무한경쟁의 시대를 맞고 있다. 이러한 시대적 상황은 경쟁에서 살아남기 위하여 쫓기듯 생활하고 있다. 경쟁은 현대인의 생활패턴의 변화와 스트레스 등 다양한 내 · 외적인 요인과 더불어 환경적인 요인으로 인하여 다양한 질병에 노출되어 있으며, 특히 문제성 두개피와 관련한 다양한 현상과 탈모에 영향을 미친다. 현재 탈모로 인한 인구수는 과거에 비하여 급격하게 증가하고 있다.

모발은 외부로부터 인체를 보호하는 기능적인 면도 중요하지만 외모를 결정짓게 하는 중요한 요인으로 작용한다. 현대사회에서 외모는 자신을 표현하는 한 요소로 인식되고 있으며, 외모에 대한 관리는 자신의 상품가치에 대한 경쟁력을 높이는 수단이 된다. 외모에 대한 아름다움은 객관적인 판단이 아닌 주관적인 판단으로 자신에 대한 자신감의 정도에 따라 영향을 받는다.

건강한 모발은 아름다운 외모의 기본으로 모발 및 두피 관리에 대한 인식이 확대되고 있으며, 이와 함께 뷰티서비스 시장 및 케미컬 제품의 시장성장은 아름다운 외모를 가꾸기 위한 하나의 도구로 사용되고 있다. 그러나 화학제품을 사용함으로 인한 모발 및 두피의 손상이라는 측면을 함께 살펴보아야 하며, 이러한 현상에 대한 전문가로서 관리 및 예방적 차원을 고려하여 고객서비스에 대한 최상의 효과를 기해야 할 것이다. 따라서 트리콜로지스트는 학습을 통하여 전문적 지식과 기술을 습득하고 임상을 통한 실무에 적용할 수 있는 바람을 담아 저술하였다.

본 스페셜 트리콜로지스트 워크북은 미용전문가로서 함양해야 할 기본적인 지식과 기술을 이 · 미용학습모듈을 기반으로 구성하였으며, 두개피 관리의 공통능력단위를 트리콜로지스트 이론과 실무로 구분하여 내용을 구성하였다.

스페셜 트리콜로지스트 워크북의 학습자료 구성은 9단원으로 구성되어 있다.

1장 두개피 모발 생리학은 두개피의 생장과정과 두개피의 구조 및 기능에 관한 이해를 통하여 건강한 두개피 관리에 적용할 수 있게 구성하였다.

2장 고객 상담은 고객 상담 기법에 관하여 이해하고 실무에 적용할 수 있게 구성하였다.

3장 관리기기는 두개피 관리기기에 관하여 이해하고 고객 관리에 시용할 수 있게 구성하였다.

4장 두개피 진단은 두개피 진단을 통하여 두개피 유형별 판독과 관리 실무에 적용할 수 있게 구성하였다.

5장 탈모와 영양은 모와 탈모의 유형에 관하여 이해하고 두개피 관리에 필요한 영양성분에 관하여 조언할 수 있게 구성하였다.

6장 건강한 두개피 관리를 위한 아로마테라피 활용 방법과 아로마 오일을 통한 홈케어 제품을 만드는 과정으로 구성하였다.

7장 두개피 관리는 두개피 관리 및 두개피 유형별 관리 방법을 통하여 관리 실무에 적용할 수 있게 구성하였다.

8장 두개피 힐링 마사지는 두개피 힐링 마사지의 이론적 지식을 바탕으로 관리 실무에 적용할 수 있게 구성하였다.

9장 두개피 스케일링은 두개피 스케일링의 이론적 지식을 바탕으로 관리 실무에 적용할 수 있게 구성하였다.

10장 두개피 샴푸는 두개피 샴푸의 이론적 지식을 바탕으로 관리 실무에 적용할 수 있게 구성하였다.

학습내용의 구성은 학습목표, 학습활동, 학습정리, 종합평가로 구성하였다. 학습활동은 이론학습과 실습과제로 구성하였다. 학습에는 트리콜로지스트의 이론 및 실무의 내용으로 총 9가지의 실습과제를 통하여 현장에서 활용이 되는 내용으로 실습을 구성하였며, 현장에서 완성도 높은 트리콜로지스트가 될 수 있도록 제시하였다.

끝으로 교재의 출간에 큰 도움을 준 도서출판 구민사 조규백 대표님 이하 직원분들에게 깊은 감사를 드린다.

저자 일동

Contents

목 차

Chapter 06. 두개피 관리를 위한 아로마요법

Chapter 07. 두개피 관리

Chapter 08. 두개피 힐링 마사지

Chapter 09. 두개피 스케일링

Chapter 10. 두개피 샴푸

Chapter 11. 기출문제

Special

Trichologist Workbook

트리콜로지스트 워크북

---

chapter

01

Trichologist

두개피 모발 생리학

학·습·목·표

- 두개피의 생장과정과 두개피의 구조 및 기능에 관해 이해하고 설명할 수 있다.
- 두개피와 신경계의 이해를 통해 건강한 두개피 관리에 관하여 설명할 수 있다.
- 두개피의 기능의 이해를 통해 건강한 두개피 관리에 관하여 설명할 수 있다.

1. 두개피부의 이해

피부는 인체의 표면을 둘러싸고 있으며, 여러 가지 중요한 기능을 수행하는 거대한 장기로 구분한다. 또한 두개피는 두개외피를 싸고 있는 신체조직의 일부분으로서 두개피부와 모발로 구분된다.

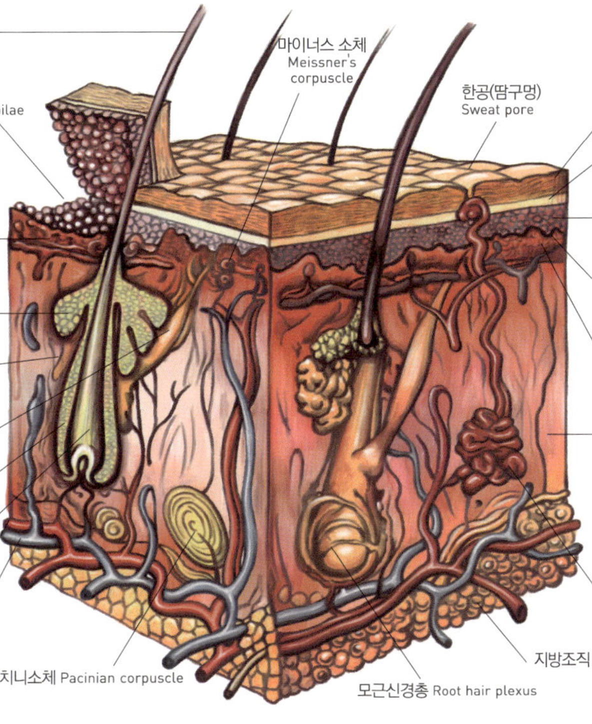

[그림1-1] 두개피부의 구조

학 · 습 · 정 · 리

1) 모낭의 발생과정

학 · 습 · 정 · 리

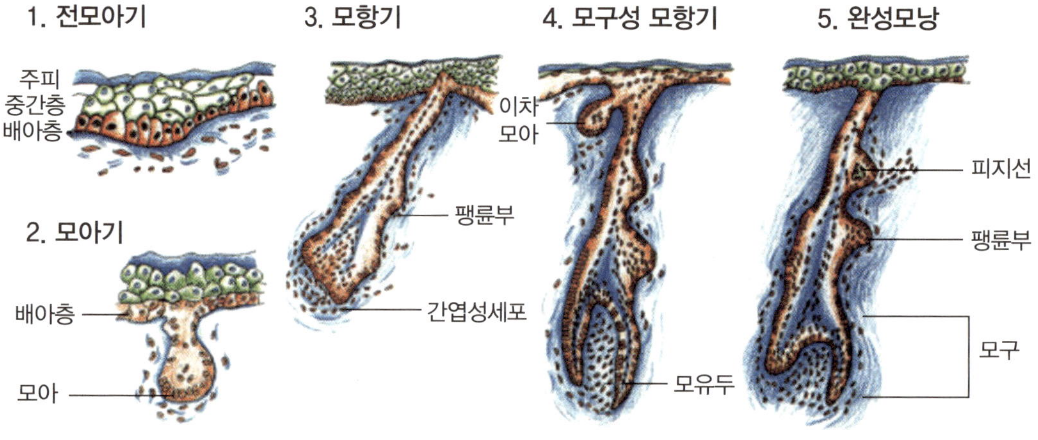

[그림 1-2] 모낭의 배아발생

2) 모낭(Hair follicle)

학 · 습 · 정 · 리

3) 모낭의 부위별 명칭

학 · 습 · 정 · 리

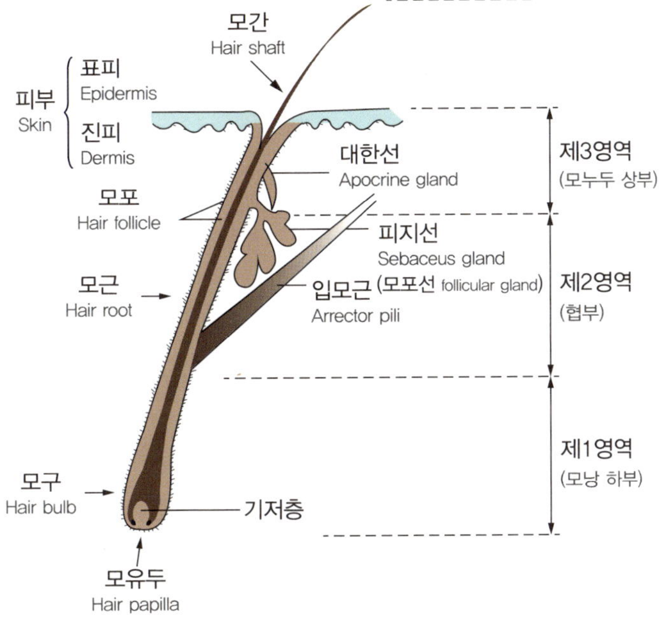

[그림 1-3] 모낭 부위별 명칭

4) 표피의 구성

(1) 표피(Epidermis)

학·습·정·리

(2) 각질층(Stratum corneum)

학·습·정·리

(3) 투명층(Stratum lucidum)

학·습·정·리

(4) 과립층(Stratum gradulosum)

학 · 습 · 정 · 리

(5) 유극층(Stratum spinosum)

학 · 습 · 정 · 리

(6) 기저층(Stratum basle)

학 · 습 · 정 · 리

5) 두개피의 각화

표피 기저세포층 내에서 유극층 내 세포는 핵분열을 통해 유사분열을 하지만, 각질층이 되면 무핵으로 변하여 무사분열이 된다. 일련의 과정인 세포고형화과정을 각화 현상이라고 한다.

(1) 상피세포의 생성

학 · 습 · 정 · 리

(2) 두개피부 각화과정

학 · 습 · 정 · 리

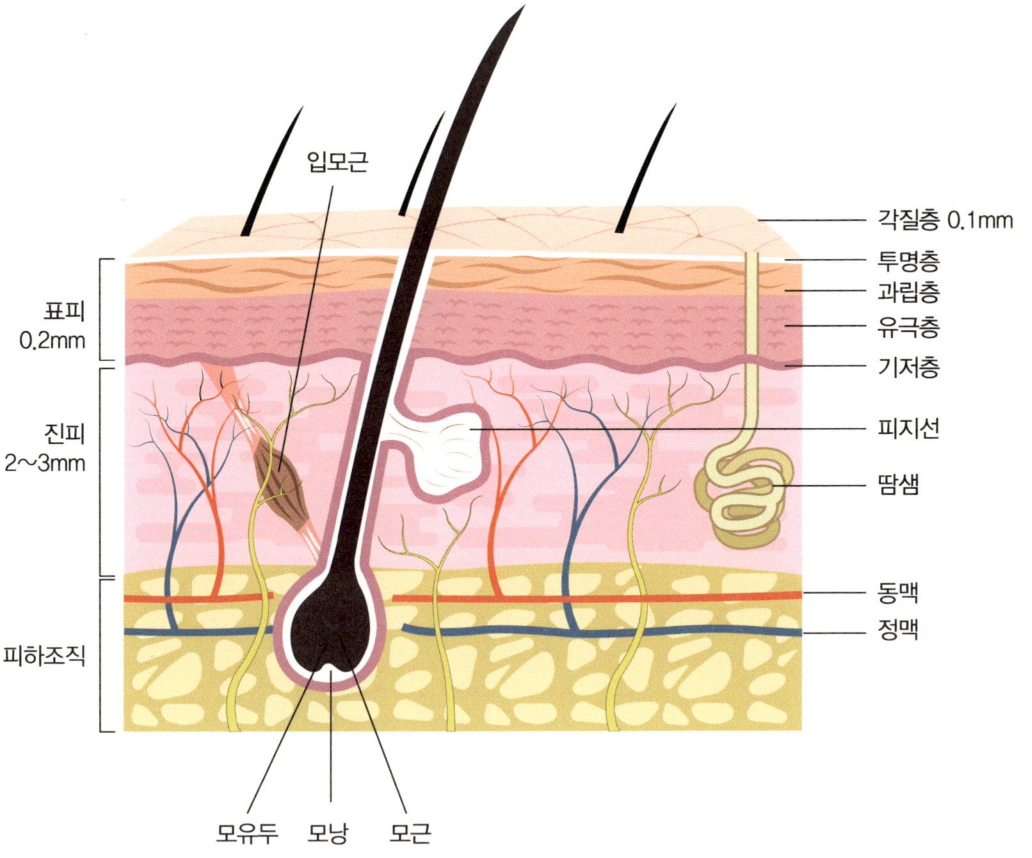
입모근
각질층 0.1mm
투명층
과립층
유극층
기저층
피지선
땀샘
동맥
정맥
표피
0.2mm
진피
2~3mm
피하조직
모유두
모낭
모근

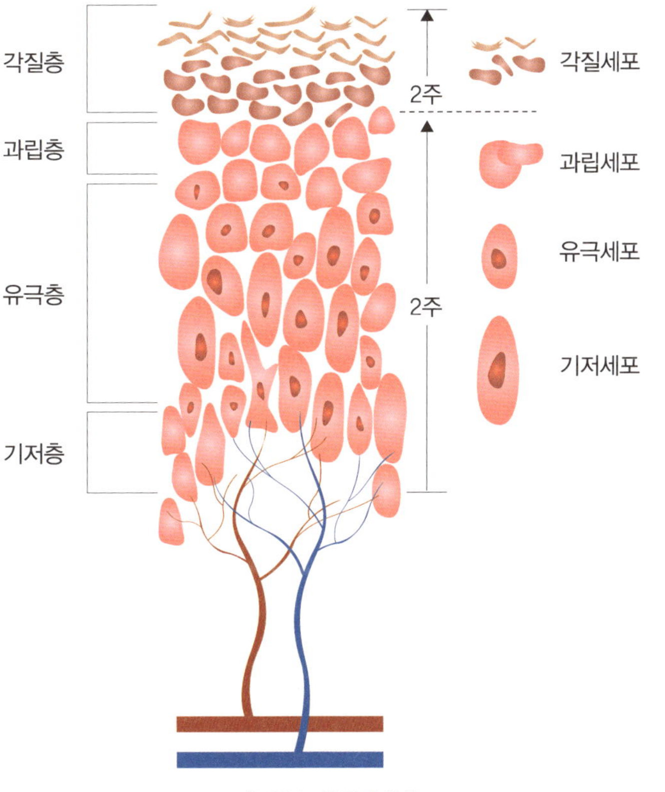
각질층
과립층
유극층
기저층
2주
2주
각질세포
과립세포
유극세포
기저세포

[그림 1-4] 각화 현상

6) 상피조직(Epithelial tissue)

상피조직(Epithelial tissue)은 몸 전체에 걸쳐 관찰되며, 인체의 내외표면을 싸고 있는 세포층을 상피조직이라 하고, 이를 상피세포라고 한다. 외부 환경과 연결된 신체 내부의 통로인 소화관, 호흡관, 생식관, 비뇨관 등의 기관의 내강(Cavity)을 둘러싸고 있다. 샘(Gland)은 분비세포들이 무리지어 있는 것인데, 이것 또한 상피로부터 파생된 구조이다.

(1) 표면층 세포에 따라 세 가지의 모양으로 구분

학 · 습 · 정 · 리

① 편평상피(Squamous epithelium)세포

② 입방상피(Cuboidal epithelium)세포

③ 원주상피(Columnar epithelium)세포

(2) 세포의 층수에 따라 구분

학 · 습 · 정 · 리

① 단층상피(Simple epithelium)세포

② 중층상피(Stratified epithelium)세포

7) 진피의 구조

(1) 진피(Dermis)

학 · 습 · 정 · 리

(2) 유두층(Papillary Layer)

유두층의 맨 위쪽은 이랑과 유두 모양의 돌기들의 형태를 보인다. 그물층에 비해 치밀하지 않으며, 세포성분이 비교적 많아 주로 섬세한 아교섬유로서 탄력섬유와 그물섬유들이 섞여있다.

학 · 습 · 정 · 리

① 기능 :

(3) 세포간 물질(Ground substance)

반액체로서 모양이 없는 물질이 진피 내 모든 세포와 섬유 사이에 존재한다. 이는 무코다당류, 특히 히알루론산, 당질, 혈액 단백질, 효소 등의 복합체이다.

학 · 습 · 정 · 리

① 기능 :

(4) 망상층(Reticular layer)

피부와 진피의 주요 몸체로서 유두층 바로 아래에 있는 망상 그물층으로서 굵은 교원아교섬유 다발로 치밀하게 짜여 있다.

학 · 습 · 정 · 리

① 기능 :

(5) 섬유아세포(Fibroblast)

세포간 물질의 생성, 콜라겐 전도 물질, 세망섬유와 탄력섬유 등의 생성에 관여한다.

(6) 비만세포(Mast cell)

비만세포는 움직임이 자유로운 결합조직세포로, 혈관 주위에 많이 분포한다. 세포질에 과립이 가득 들어 있어 조직손상 또는 감염 시 과립에 포함된 화학물질이 유리되어 방어기전을 유발한다.

학 · 습 · 정 · 리

① 기능 :

8) 진피의 구성 조직

교원섬유(Collagen fiber)는 진피섬유의 아교섬유 또는 백색섬유(White fibers)라고도 한다. 다발을 형성함으로써 강력한 견인력을 갖고 있다. 각각의 섬유에는 섬유아세포에 의해 분비되는 접착물질에 의해 서로 붙어있는 평행의 섬유다발들로 피부 주름을 예방하는 수분 보유원이다.

학·습·정·리

① 교원섬유 :

② 교원섬유 기능 :

9) 진피(dermis) 내 존재하는 기관

(1) 모구(Bulb)

학·습·정·리

(2) 모유두(Papilla)

학·습·정·리

(3) 모모세포(Keratinocyte cell)

학·습·정·리

(4) 멜라닌 생성세포(Melanocyte)

학 · 습 · 정 · 리

(5) 모세혈관(Capillary)

모세혈관은 모발과 직접 연결되어 있지 않지만, 모유두를 통해 연결되며 모낭 주위에 혈관이 감싸고 있음을 나타낸다. 모세혈관은 이산화탄소와 영양분의 교환작용이 이루어지며, 순환계로서 동맥, 정맥, 모세혈관, 림프로 구성된다.

학 · 습 · 정 · 리

① 동맥 :

② 정맥 :

(6) 피지선(Sebaceous gland)

① 피지선의 특징

피지선은 수많은 세포와 중심핵으로 이루어진 주머니로 피지를 분비한다. 이는 호르몬, 식생활, 계절, 나이, 환경, 온도, 자율신경계의 영향으로 성호르몬의 영향을 받으며, 분포는 두개피, 얼굴, 가슴 등에 분포한다.

학 · 습 · 정 · 리

① 특징 :

학 · 습 · 정 · 리

② 피지 :

(7) 한선(Sweat gland)

한선은 땀을 분비하는 외분비선, 땀샘이라고도 하며, 모근에 모공으로 냄새가 있는 점성의 땀을 분비하는 대한선과 피부에 냄새가 없는 땀을 분비하는 소한선(에크린선) 등 2종류가 있다. 보통 하루 땀의 분비량은 700~900cc이며, pH는 3.8~5.6의 약산성이고, 99%가 수분이다.

학 · 습 · 정 · 리

① 소한선(Ecrine) :

학 · 습 · 정 · 리

② 대한선(Apocrine) :

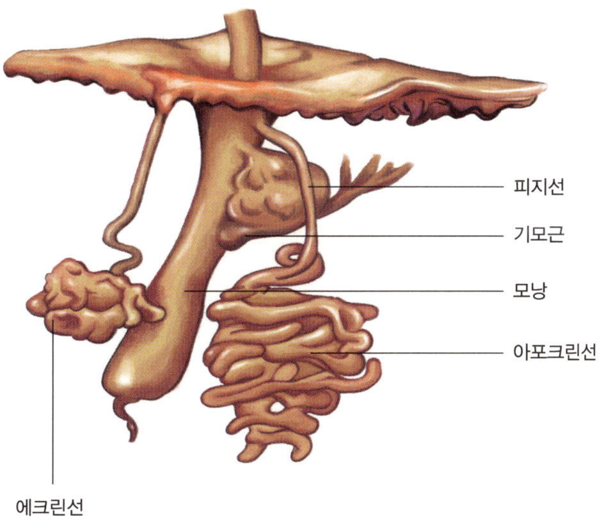

[그림 1-5] 한선과 피지선

(8) 기모근(Arrector pili muscle)

학 · 습 · 정 · 리
① 특징 :
② 기능 :

10) 피하지방조직

피하지방층은 진피와 근막 사이에 위치하며 주로 지방세포로 구성된다. 영양분의 저장 및 지방합성, 열차단, 충격 흡수 등의 역할을 담당한다. 피하지방은 지방세포소엽과 섬유성 중격으로 구성된다.

학 · 습 · 정 · 리
① 지방세포소엽 :
② 섬유성 중격 :

(1) 피하지방(Subcutaneous fat)

피하조직은 일반적으로 소성결합조직으로 근막이나 골막과 가볍게 결합해 있다. 피하조직은 장소에 따라 그리고 영양상태에 따라 정도의 차이는 있지만, 지방세포군을 포함해 피하지방조직으로도 불린다.

학 · 습 · 정 · 리

(2) 림프관(Lymphatic duct)

학·습·정·리

① 특징 :

(3) 신경세포(Nerve)

학·습·정·리

① 특징 :

2. 모발의 이해

모발은 피부의 각질층이 변화하여 생긴 섬유성 단백질인 케라틴으로 구성된 무핵세포가 밀려오면서 각화된 두개피 외부로서, 육안으로 보이는 부분을 말하며, 외부의 화학적·물리적 자극으로부터 신체를 보호한다.

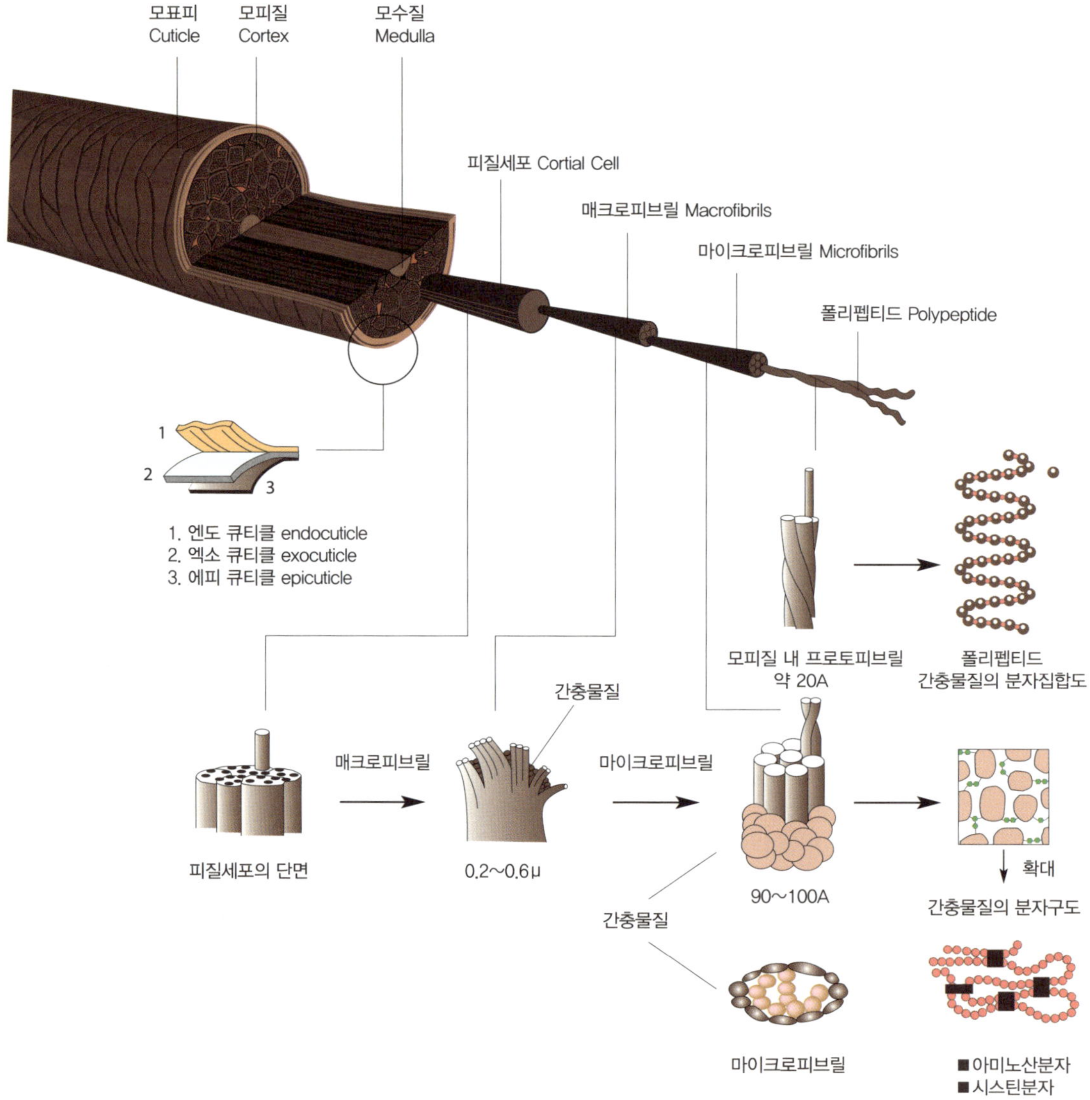

[그림 1-6] 모발 내부구조

학 · 습 · 정 · 리

① 특징 :

1) 모표피(Cuticle)

모발의 가장 겉표면으로 외부와 접촉하는 딱딱하고 납작한 세포이다. 모표피는 생선 비늘과 같은 형태로 여러 겹으로 겹쳐져 있고, 이 모표피는 3개 층으로 구성되어 있다. 모표피는 프로테인 구조이며, 에피큐티클(Epicuticle), 엑소큐티클(Exocuticle), 엔도큐티클(Endocuticle)로 구분한다. 또한 무색투명한 비늘 상의 가장 바깥층으로 3~15층이 경단백질로 구성되어 있다. 친유성으로 화학적 저항이 강한 층으로 모발 전체의 10~15%를 차지한다.

학 · 습 · 정 · 리

① 기능 및 특징 :

② 에피큐티클 :

③ 엑소큐티클 :

④ 엔도큐티클 :

2) 모피질(Cortex)

모피질은 모발의 85~90%의 가장 넓은 면적으로 결정영역인 주쇄결합과 비결정영역인 측쇄결합으로 구분한다. 결정영역 섬유다발들의 피질세포는 가장 큰 섬유다발인 거대섬유(Macro fibril)와 거대섬유를 구성하고 있는 여러 개의 미세섬유(Micro fibril), 미세섬유를 구성하고 있는 11개의 원섬유(Proto fibril)로 구성되어있다.

원섬유는 3개의 폴리펩티드 체인(Polypeptide chain)들로 구성되어 있고, 이들 3개의 폴리펩티드 체인들은 서로 화학적 결합들로 연결되어 있다. 원섬유는 형태상 용수철과 같은 나선형으로 꼬여 있으며, 이를 헬릭스(Helix) 구조라고 한다. 나선형의 꼬인 용수철 모양은 힘을 주면 늘어나고, 힘을 빼면 다시 원래의 모양으로 돌아가는 특징을 갖고 있다. 이로 인하여 모발의 탄력성을 갖게 된다. 화학적 시술에 의해 변화되기 전의 구조를 알파 헬릭스(α-helix) 구조라 하며, 변화 후의 구조를 베타 헬릭스(β-helix) 구조라고 한다.

모피질은 친수성의 성질을 갖고 있어 모표피가 손상된 경우 모피질의 단백질이 유실되기 쉽고, 다양한 화학적·물리적 작용 등을 이용하여 모발의 변화를 유도한다. 또한 모발의 탄성을 유발하고 멜라닌 색소가 분포되어 있어 모발의 색을 결정하는 부분이다.

학 · 습 · 정 · 리

① 모발의 결합 구조 및 특성 :

3) 모수질(Medulla)

모수질은 존재 유무가 확실치는 않으나 보편적으로 가는 모발일수록 없을 가능성이 크다. 모발의 구조 중 가장 중심부에 위치하며, 빈 공간의 벌집 모양의 다각형 세포가 길이 방향으로 나열되어 있는 곳이다. 모수질은 공기를 함유하고 있어 보온효과가 있다고 알려졌으며, 형태가 일정하지 않은 단백질의 간충 물질도 들어있다.

3. 모발의 구성성분

모발은 18종의 아미노산으로 구성되어 있다. 경케라틴은 모발의 80~90%, 멜라닌 색소는 3~4%, 지질은 1~8%, 수분은 10~15%, 미량원소는 0.6~1%로 구성되어 있다.

1) 케라틴(Keratin)

학 · 습 · 정 · 리

① 특징 :

2) 수분

학 · 습 · 정 · 리

① 특징 :

3) 멜라닌(Melanin) 색소

멜라닌 색소는 멜라닌 생성세포에서 생성되며, 멜라닌 생성세포는 모양이 불가사리와 같이 몇 개의 돌기를 가지고 있는 형태를 지니고 있으며, 모모세포가 있는 모기질에 있다.

멜라닌 색소가 생성되는 과정은 뇌하수체에서 분비되는 색소세포 자극 호르몬으로 인하여, 멜라닌 생성세포에 있는 아미노산의 일종인 티로신(Tyrosine)은 티로시나아제(Tyrosinase)의 산화효소작용으로 도파(DOPA)가 형성되고, 이는 다시 도파퀴논(Dopaquinone)으로 진행된다. 모모세포에서 모세포가 생성되면 멜라닌세포는 돌기를 뻗어 멜라닌 색소를 모세포에 집어넣는다.

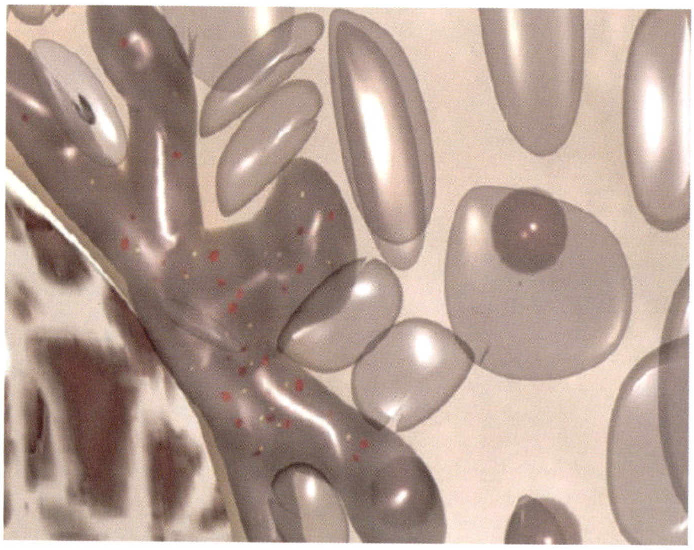

[그림 1-7] 멜라닌 생성세포

학 · 습 · 정 · 리

① 특징 :

4) 지질(Lipid)

피지선에서 분비된 모발 외부 표면의 피지와 모발의 지질세포가 자체적으로 함유한 지질의 형태로 모발의 모근부에는 피지선이 존재한다. 피지선은 두개피에 가장 많이 분포되어 피부 및 모발 표면에 얇은 약산성막을 형성하고 있다.

학 · 습 · 정 · 리

① 특징 :

5) 미량원소(Microelement)

미량원소는 아주 적은 양의 영양소를 의미하고, 생명 유지 및 형태 유지를 위해 필수적으로 요구되는 기타 원소를 말한다. 모발에는 탄소(C) 60~50%, 산소(O) 30~25%, 질소(N) 12~8%, 황(S) 5%, 수소(H) 5~4% 이외에도 미량의 다양한 원소들이 아주 적은 양으로 존재한다.

학 · 습 · 정 · 리

① 특징 :

4. 모발의 물리적 특성

1) 굵기

모발의 굵기는 보통 0.075~0.085mm이며, 모표피의 겹수가 많으면 많을수록 모발의 두께는 굵으며, 인종, 환경, 탈모 정도에 따라 굵기를 달리하기도 하고, 나이와 건강 상태, 탈모 진행 상태 등에 따라 굵기 변화를 하게 된다.

학 · 습 · 정 · 리

① 특징 :

2) 밀도(Density)

일정한 두피의 면적 안에 모발의 수, 즉 숱의 정도를 모발의 밀도라 한다.

학 · 습 · 정 · 리

① 특징 :

3) 탄성

모발에 일정한 힘을 가했을 때 늘어났다가 다시 제자리로 돌아가는 것을 의미한다.

학 · 습 · 정 · 리

① 특징 :

[표 1-1] 모발의 탄성도 비교

모발 상태	수분 함량(%)	늘어나는 정도(%)
보통 상태의 모발	10~15	20~30
샴푸 직후 젖은 모발	30~35	50~60
펌제 도포한 모발	35	70

4) 인장강도와 신도

모발을 잡아당겼을 때 끊어질 때까지 견디는 힘이자 가해진 하중을 인장강도(g)라 하며, 끊어지기 전까지 늘어난 비율을 신도(%)라고 한다.

학·습·정·리

① 특징 :

5) 고착력(Adherence power)

한 가닥의 모발을 두개피로부터 뽑아내는데 필요한 힘을 고착력이라 한다. 성장기 모발은 80g 정도의 힘이 필요하고, 휴지기 모발의 경우는 20g 정도의 힘이 한 가닥의 모발을 뽑는 데 필요하다.

학·습·정·리

① 특징 :

6) 흡습성

모발이 수분을 포함하고 흡수하는 성질을 의미한다. 모발의 단백질 성분인 케라틴이 친수성이기 때문에 생기는 현상이다. 건강한 모발의 경우 샴푸 직후에는 30% 정도의 수분을 함유하고 있으며, 평상시에는 대개 10~15%의 수분을 함유하고 있다.

학 · 습 · 정 · 리

① 특징 :

7) 팽윤성(Swelling)

모발이 수분을 흡수해 그 부피가 늘어나는 현상을 모발의 팽윤성이라 한다.

학 · 습 · 정 · 리

① 특징 :

8) 대전성(Electrification)

모발에 마찰이 가해지면 마찰로 정전기가 발생하게 된다.

학 · 습 · 정 · 리

① 특징 :

9) 열변성과 광변성

모발의 주성분은 케라틴 단백질로 높은 열과 빛에 의해 색과 구조가 변한다. 모발은 높은 열에 의해 팽윤, 변색하거나 아예 타서 분해된다. 이를 열변성이라고 하며, 적외선과 자외선에 의해 모발 케라틴이 변성되어 손상되는 성질을 광변성이라고 한다.

학 · 습 · 정 · 리

① 특징 :

10) 모발의 등전점

모발을 구성하는 아미노산은 +와 -의 전기적 성질을 가지고 있어서 만약 용액이 알칼리성이면 -이온으로, 산성이면 +이온으로 존재한다. 또 용액이 중성이면 -와 +이온이 동등한 상태가 되는데 이것을 등전점이라 하며, 아미노산마다 각각 고유의 등전점 pH를 갖는다.

학 · 습 · 정 · 리

① 특징 :

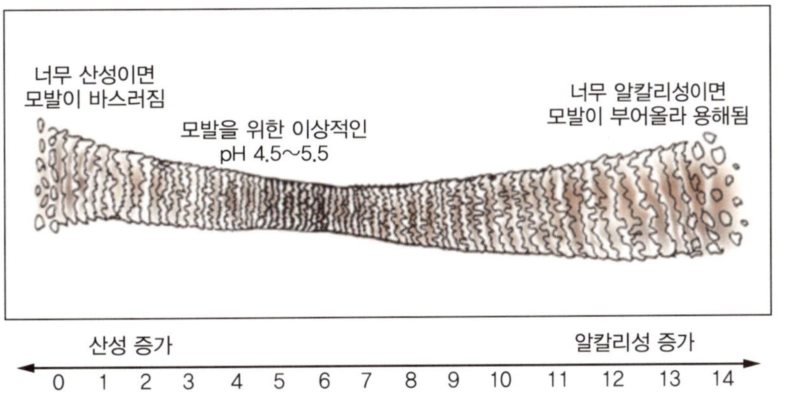

[그림 1-8] 모발의 pH에 의한 변화

11) 산성막

산성막은 피부를 감싸고 있는 피지막으로 약산성이며, 박테리아의 성장을 막고, 외부 환경으로부터 보호하는 작용을 하며, 화학적 손상과 모발 건조 등을 방지한다.

학 · 습 · 정 · 리

① 특징 :

5. 모발의 성장주기

모발의 성장은 신체 부위와 개인적 특성, 기후 조건과 계절에 따라 다르다. 모발의 성장은 여성이 남성보다 그리고 15~30세 사이의 나이가 가장 잘 자라며, 50~60세 사이에는 급격히 쇠퇴한다. 휴지기의 모발이 20% 이상이고, 평균 50~100본 정도 모발이 빠지는 상태라 할 수 있다.

모발은 그 발생이 배아세포에서 시작되어 모근의 형태를 이루어 성장한다. 성장한 모발은 계속하여 자라는 것이 아니며, 일정한 기간이 되면 두개피에서 탈락하고 새로운 모발이 자라난다. 이런 현상을 모발의 모주기(Hair Cycle)라 하며, 모발의 성장주기는 모발을 성장시키는 성장기(Anagen), 성장을 종료하고 모구부가 축소하는 시기인 퇴화기(Catagen), 모유두가 활동을 멈추고 모발이 두개피에 머물다가 탈모가 되는 시기인 휴지기(Talogen)로 구분한다.

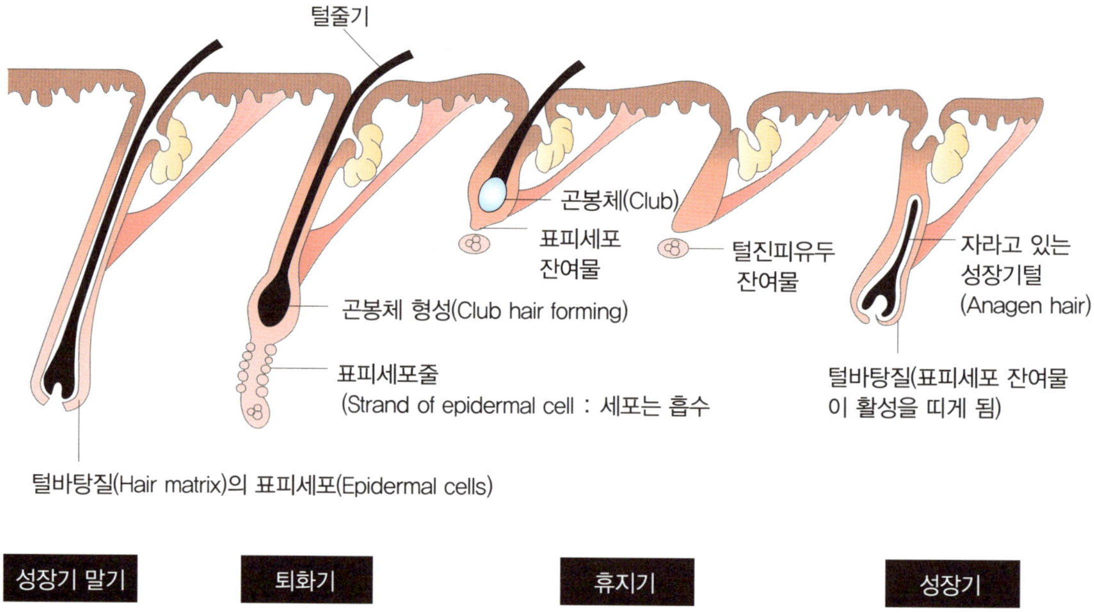

[그림 1-9] 모발의 성장주기

학 · 습 · 정 · 리

1) 성장기(Anagen)

학 · 습 · 정 · 리

① 특징 :

2) 퇴화기(Catagen)

학 · 습 · 정 · 리

① 특징 :

3) 휴지기(Talogen)

학 · 습 · 정 · 리

① 특징 :

chapter

02

Trichologist

고객 상담

학·습·목·표

◈ 고객 상담 기법에 관하여 이해하고 실무에 적용할 수 있다.

1. 고객 상담의 정의

고객 상담은 고객과의 의사소통(Communication)을 통하여 자료(Data)를 얻게 된다. 이러한 자료를 전문적인 지식과 경험을 통하여 정보(Information)로 가공하고, 고객의 정보와 전문가적인 지식을 바탕으로 고객에게 진행되는 과정 등을 상세하게 설명하고, 제안을 하는 컨설팅 세일즈(Consulting sales)라고 한다. 즉, 서비스나 제품에 대한 전문적인 지식을 가진 사람이 서비스나 제품을 구매하려는 고객의 궁금한 내용에 관하여 상담해 주면서 서비스나 제품을 판매하는 방식을 필요로 한다.

트리콜로지스트(Trichologist)의 고객 상담은 고객과 면대면 대화과정을 통해 두피 및 모발에 관한 문제점을 시진, 문진, 촉진 등으로 진단하고, 생활 방식이나 건강 상태 등을 고려하여 고객에게 해결 방안을 제시, 관리 방법으로 실행할 수 있도록 도와주는 과정을 의미한다.

[그림 2-1] 상담의 의미

고객 상담은 고객의 잘못된 두개피 및 모발 관리 방법이나 홈케어의 활용, 스트레스 관리, 식이요법 등에 관하여 실질적인 관리와 연관이 있는 부분으로, 상담 시 고객의 일상생활을 중심으로 상담이 충분히 이루어져야 한다. 즉, 관리의 효과를 높이기 위한 것으로 관리센터에서 제품과 기기만으로는 탈모 및 두피의 근본적인 문제점을 관리하는 데 한계가 있기 때문이다. 또한 그로 인한 관리의 효과를 상승시켜 재구매를 유도하기 위한 것이다. 고객의 경우 관리 중 나타나는 궁금 사항 및 일상생활과 관련된 부분에 대해서 상담자보다는 실무를 담당하는 트리콜로지스트에 의존하는 고객이 많기 때문이다. 그러므로 상담 시 고객에게 전문지식의 전달보다는 일상생활과 두개피의 문제와 연관된 설명을 하는 것이 더욱 효과적이다.

2. 고객 상담의 중요성

1) 고객 상담의 목적

고객 상담은 고객과의 대화에서 전문적 지식을 활용하여 문제를 해결하는 과정이며, 두개피 관리 상담의 목적은 3단계로 나누어진다.

학 · 습 · 정 · 리

2) 고객 상담의 필요성

고객 상담은 고객이 현재 나타나는 문제를 인식하고, 그 문제를 개선할 수 있도록 도와주는 것이며, 결과적으로 고객 스스로 생활 전반에 걸쳐 발생할 수 있는 문제를 조절할 수 있는 자율의지를 갖추게 하는 것이다.

3) 고객 상담의 세 가지 요소

두개피 관리에 있어서 트리콜로지스트는 두피와 모발에 대한 문제를 해결하기 위해 고객에게 나타나는 문제의 원인을 파악하여 올바른 관리 방법을 조언함으로써 고객의 니즈를 충족시켜 주는 과정이다.

4) 트리콜로지스트의 다섯 가지 요소

두개피 관리 상담은 두개피에 관한 전문지식과 이론을 바탕으로 고객에 대한 따뜻한 배려를 통해 고객의 문제점과 고민을 해결하고자 하는 노력이 필요하다.

[그림 2-2] 고객 상담

학·습·정·리

① 전문적 지식 :

② 고객과의 신뢰 :

③ 고객에 대한 배려 :

④ 고객에 대한 공감능력 :

⑤ 고객에 대한 수용적 태도 :

5) 상담자의 자세

학·습·정·리

①

②

③

④

⑤

⑥

6) 상담자의 복장 및 위생

학 · 습 · 정 · 리
①
②
③
④
⑤
⑥
⑦

3. 고객 상담 방법

고객 상담에서는 고객에 관한 일반적 사항(생활방식 및 식습관 등)과 건강 상태 등을 확인할 수 있는 근거로 활용되며, 고객의 지속적 관리를 위하여 고객 상담 카드를 작성한다.

1) 두개피 진단

① **1차 진단 :** 시진, 문진, 촉진

② **시진 :** 두피의 색상, 두피의 각질 상태, 두피의 피지분비량의 여부, 모발에 묻어있는 피지 상태, 모발의 손상 여부를 육안을 통해 파악한다.

③ **촉진 :** 손에 만져지는 피지 상태, 땀의 분비량, 긁어서 밀려 나오는 각질 여부와 두피의 탄력도, 두피의 경직 상태를 촉각으로 파악한다.

④ **문진 :** 상담 카드 및 진단 카드를 작성하기 위하여 고객의 생활방식을 파악하여 고객의 정보를 기재한다.

⑤ **2차 진단 :** 두개피 진단기를 통한 진단

학 · 습 · 정 · 리

① 특징 :

2) 관리프로그램 설정

관리프로그램 설정 단계에서 상담은 고객과 기초 자료를 통해 문제에 맞는 구체적인 관리프로그램을 설정하는 것으로, 트리콜로지스트와 고객이 함께 참여하여 의사소통하는 과정이다. 따라서 두개피 특성에 맞는 제품, 관리기기, 마사지 프로그램 결정이 중요한 내용이라 할 수 있다.

(1) 관리프로그램

학 · 습 · 정 · 리

① 두개피 마사지 :

② 두개피 스케일링 :

③ 두개피 클렌징 :

④ 두개피 영양제 :

3) 관리 중 상담

관리 중 상담은 관리효과를 향상하기 위한 과정으로, 고객에게 정확한 관리프로그램을 통하여 관리하면서 관리 중의 불편사항이나 두개피 호전도에 따른 프로그램 변화 등의 상담을 진행함으로써 관리효과를 증대시키는 데 있다.

관리 중 상담의 주의사항

① 두개피 마사지 :

② 두개피 스케일링 :

③ 두개피 클렌징 :

④ 두개피 영양제 :

4) 관리 후 상담

관리 후의 상담은 관리센터에서의 관리가 끝난 상태에서 관리 과정상의 개선된 두개피 관리효과를 계속해서 유지하고, 두개피 관리효과를 유지할 수 있도록 생활방식과 두개피 관리요령을 안내해주는 것이다. 트리콜로지스트로서 전문적 지식을 통한 안내와 자세한 설명이 필수이다.

관리 후 상담의 주의사항
①
②
③

실습과제 : 고객 상담 차트

<table>
<tr><td>상담일</td><td colspan="2"></td><td>고객명</td><td></td><td>연락처</td><td colspan="2"></td></tr>
<tr><td>성별</td><td>남 / 여</td><td>연령</td><td></td><td>결혼여부</td><td>미혼 / 기혼</td><td>직업</td><td></td></tr>
<tr><td>신장</td><td colspan="2">cm</td><td>체중</td><td>kg</td><td>혈액형</td><td colspan="2">A B O AB</td></tr>
<tr><td>생리주기</td><td colspan="2">규칙 / 불규칙</td><td>자녀수</td><td></td><td colspan="2">피임약 복용여부</td><td></td></tr>
<tr><td>몸 상태</td><td colspan="7">몸이 차다 / 열이 많다 / 손발이 차다 / 두상에 열이 많다 / 기타( )</td></tr>
<tr><td>식사량</td><td colspan="3">소식 / 보통 / 과식</td><td>식사스타일</td><td colspan="3">채식 / 육식 / 인스턴트 / 기타</td></tr>
<tr><td>소화상태</td><td colspan="3">보통 / 양호 / 불량
헛배 / 구역질 / 통증</td><td>소화기관 /
질병여부</td><td colspan="3"></td></tr>
<tr><td>1일 흡연량</td><td colspan="3">금연 / 보통 / 많음</td><td>음주여부</td><td colspan="3"></td></tr>
<tr><td>땀</td><td colspan="3">적음 / 보통 / 많음</td><td>땀 종류</td><td colspan="3">식은 땀 / 다한증 / 일반적인 땀
기타( )</td></tr>
<tr><td>수면상태</td><td colspan="7">4시간 이하 / 8시간 이상 / 불면 / 불안정적인 수면 / 기타( )</td></tr>
<tr><td>스트레스 /
상태</td><td colspan="7"></td></tr>
<tr><td>건강상태</td><td colspan="7">당뇨병 / 갑상선 질환 / 간염 / 간 / 폐경(갱년기) / 생리 / 수술여부
기타( )</td></tr>
<tr><td>사용 중인
샴푸명</td><td colspan="2"></td><td colspan="2">샴푸 횟수 및 시간대</td><td colspan="3">( )회 / ( )일 아침 / 저녁</td></tr>
<tr><td>브러시 종류</td><td colspan="3">돈모 / 플라스틱 / 알루미늄 / 나무 /
기타( )</td><td>브러싱 횟수</td><td></td><td>스타일링 제품</td><td></td></tr>
<tr><td>기타
생활습관</td><td colspan="7"></td></tr>
<tr><td rowspan="6">두피 및
모발상태</td><td>두피 및
모발상태</td><td colspan="6">염증 / 홍반 / 가려움 / 비듬 / 악취 / 기타( )</td></tr>
<tr><td>모발상태</td><td colspan="6">건조 / 갈라짐 / 탄력 없음 / 끊어짐 / 웨이브 /
염색모 / 백모 / 기타( )</td></tr>
<tr><td>가족력</td><td colspan="6">유 / 무 ( )</td></tr>
<tr><td>탈모시작 시기</td><td colspan="3"></td><td>탈모유형</td><td colspan="2">형</td></tr>
<tr><td>탈모관리
경험 여부</td><td>유 / 무</td><td>관리형태</td><td colspan="4">두피관리 / 약물 / 가발 / 수술 /
주사 / 기타( )</td></tr>
<tr><td>샴푸 시 탈모량</td><td>본</td><td>관리 후
결과</td><td colspan="4">만족 / 보통 / 불만족 / 기타( )</td></tr>
<tr><td colspan="2">두피 모발관련 고객의 기타내용</td><td colspan="6"></td></tr>
<tr><td colspan="2">상담자의 의견</td><td colspan="6"></td></tr>
</table>

chapter

03

Trichologist

관리기기

학·습·목·표

- 두개피 진단기에 관하여 이해하고 고객 상담 시 적용할 수 있다.
- 두개피 관리기기에 관하여 이해하고 고객관리 시 적용할 수 있다.

1. 두개피 진단기

1) 진단기의 사용 목적

두개피 상태의 정확한 진단을 위하여 진단용 기기를 사용한다. 이는 체계적이고 과학적인 방법을 통하여 두개피 타입에 맞는 제품을 적용하기 위해 정확한 진단을 필요로 하며, 이러한 진단을 통하여 고객과의 신뢰 구축은 물론이고 임상 데이터를 활용할 수 있다.

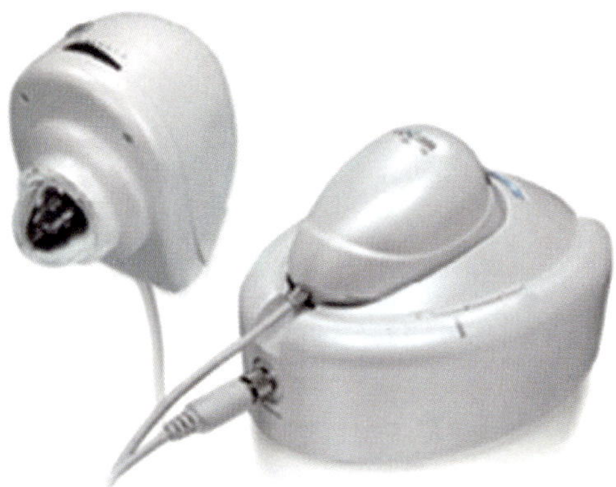

[그림 3-1] 두개피 진단기

2) 진단기의 종류

(1) 모발 진단기

모발 진단기는 배율 렌즈를 이용하여 고객의 두피와 모발 상태를 진단하는 것으로, 일반적으로 두개피는 200~400배율의 렌즈, 모발은 600~800배율의 렌즈로 관찰한다. 진단기 사용 전후 진단기 렌즈 부위를 살균 및 소독하고, 렌즈와 두개피의 거리를 정확하게 조절하며, 측정 부위가 화면의 중앙에 위치할 수 있도록 세심한 주의가 필요하다.

(2) 현미경

현미경은 일반적으로 모낭충 또는 모근 진단용으로 사용한다. 40배율의 렌즈로 슬라이드 글라스 위에 모낭충이나 모근을 진단한다. 모낭충 발견 시에는 100배율의 렌즈를 사용하여 세균이나 모근의 모양을 진단한다.

3) 진단기의 렌즈활용

[그림 3-2]와 같이 렌즈는 사용 목적에 따라 다양하게 제공되고 있다. 이는 정확한 진단을 위하여 원하는 목적에 맞게 활용한다.

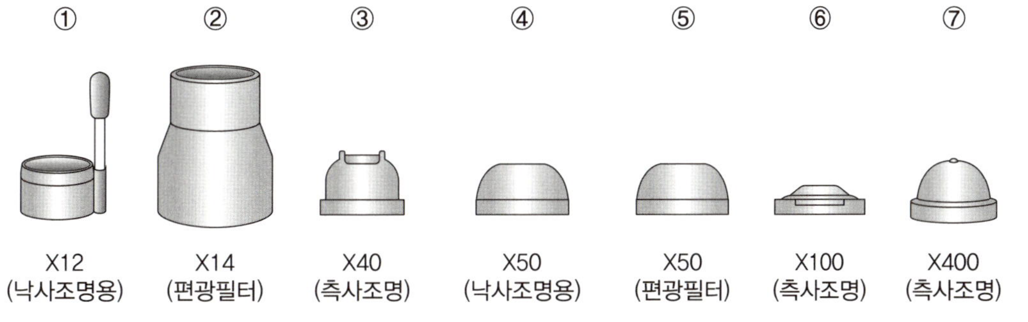

[그림 3-2] 배율별 진단기 렌즈

① ×12 : 피부주름 및 거친 정도를 관찰, 보발 밀도 관찰, 탈모 진행사항을 확인하는 데 사용한다.

② ×14 : 광범위한 색소 침착 부위를 관찰하는 데 사용한다.

③ ×40 : 피부의 각질, 표피의 선명한 관찰에 사용한다.

④ ×50(낙사조명용) : 피지 과다분비를 관찰하는 데 사용한다.

⑤ ×50(편광필터) : 진피층의 색소 침착 부위와 모세혈관 부위를 관찰하는 데 사용한다.

⑥ ×100 : 피부 모공과 피지량, 각질 등을 관찰하는 데 사용한다.

⑦ ×400 : 모낭 상태, 모발의 건강 상태, 손상 정도를 관찰하는 데 사용한다.

4) 진단기 사용 시 주의사항

학 · 습 · 정 · 리

2. 진단기를 통한 고객 상담

1) 두피 모발 정밀 진단기기

두개피 및 모발 상태의 정확한 판단을 위해서는 두개피를 정확하게 진단하고 판단할 수 있는 진단기기 배율의 렌즈를 활용하는 것이 중요하다. 두개피 진단기기의 사용은 고객에게 자신의 두피 상태를 정확히 알리는 것뿐만 아니라 현재의 두개피 상태를 파악하기 위한 것으로, 두개피 관리 및 모발 관리의 기본이 된다. 따라서 진단 부위와 목적에 따라 진단기기 확대경, 현미경, 유·수분 측정기, pH 측정기기 등이 이용된다. 최근에는 이 기능들을 소형화하여 다양한 기능을 한 제품에 아우르는 기기가 출시되어 다양하게 이용되고 있다.

2) 핸디형 두개피 모발 정밀 진단기기

최근에 두개피 관리 전문점을 중심으로 두개피 진단에 활용되고 있는 스마트폰 사이즈의 핸디형 두피·모발 진단기기(APMPRO, ARAMHUVIS)는 공간에 제약 없이 활용할 수 있다. 고객 관리 기능이 기본적으로 탑재되어 있고, 탈모 유형, 두피 상태, 두피 밀도, 각질량, 혈관 노출 정도, 모발 두께, 모공 상태, 모발 손상도를 진단할 수 있다. 과거의 진단기기는 x5배로 진단하던 것을 최고 x1,000배의 고배율렌즈를 이용하여 모발의 모표피까지 진단하는 것이 가능하고, 진단결과를 초보자도 판단이 쉽게 반전 영상으로 전환할 수 있다. 또한 핸드폰, 태블릿, TV와 연계되어 어떤 기기로도 출력할 수 있어 언제, 어디서든 고객 상담이 자유롭다. 진단기기를 통한 고객 상담 절차는 아람휴비스의 APMPRO로 진단한 영상을 제공하여 작성하였다.

(1) 탈모 유형

일반 영상렌즈로 고객의 전체적인 탈모 유형을 촬영한다.

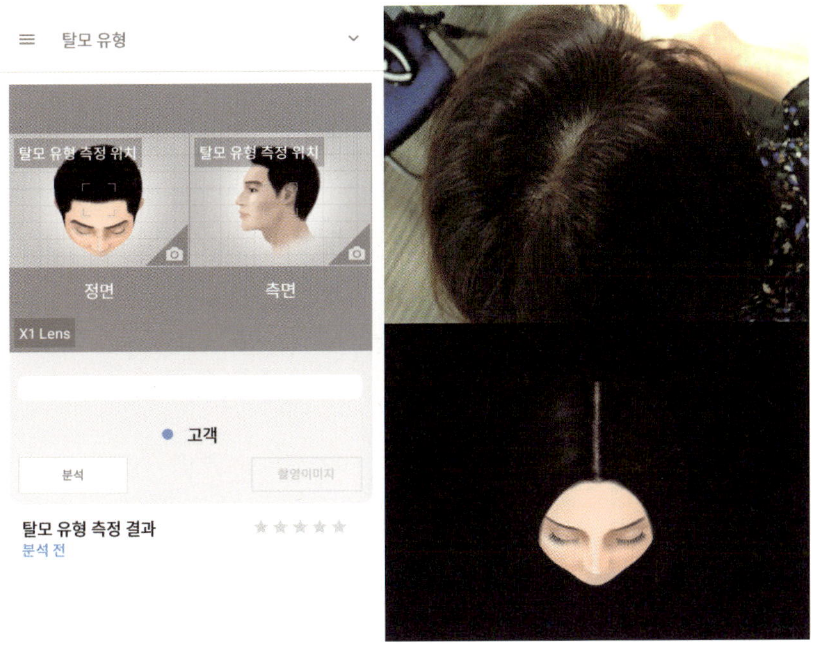

[그림 3-3] 탈모 유형 분석 (자료제공 : 아람휴비스(주))

(2) 두개피 진단(진단기 배율 : ×60)

두개피의 상태를 측정하여 진단기기 내에 내장된 두개피 유형의 사진과 비교하여 판단할 수 있다.

[그림 3-4] 지루성 두피

[그림 3-5] 정상 두피

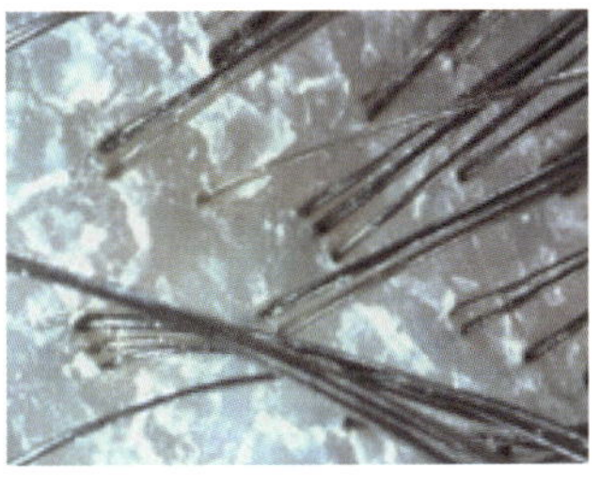

[그림 3-6] 아토피 두피

(자료제공 : 아람휴비스(주))

(3) 모발 밀도(진단기 배율 : ×60)

모발 밀도는 일정 공간(mm²) 안에 한 모공에서 자라는 모발 수를 측정, 합산하여 전체 모발량을 측정할 수 있다. 또한 평균 모발량과의 비교가 가능하다.

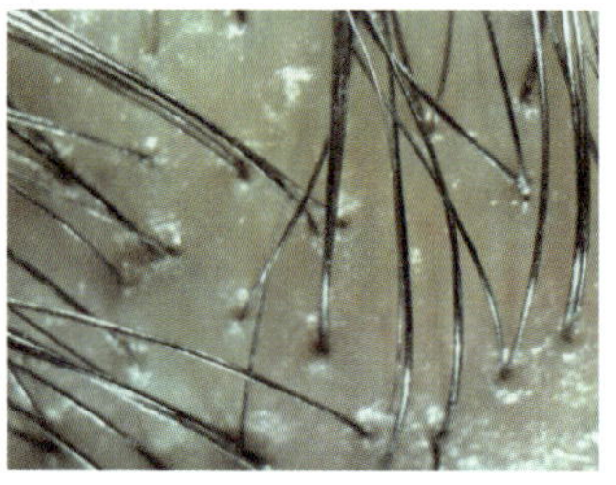

[그림 3-7] 진단영상

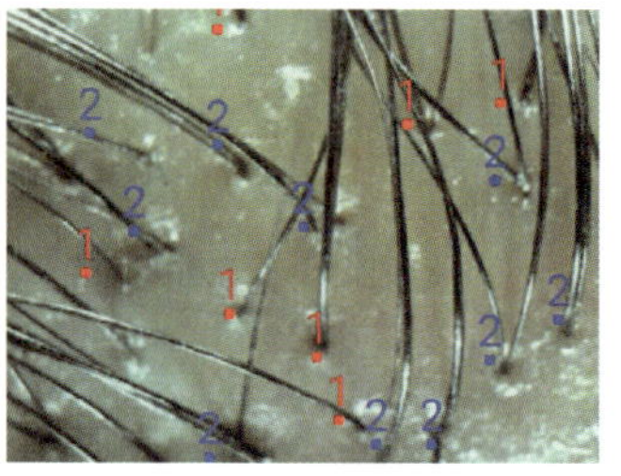

[그림 3-8] 판독영상

(자료제공 : 아람휴비스(주))

(4) 각질량(편광렌즈, ×60)

편광렌즈를 사용하여 측정한다. 다른 빛을 차단하여 두피의 각질을 선택적으로 판독하여 진단자가 두피, 모발의 각질 판독이 쉽도록 판독영상으로 보여 준다.

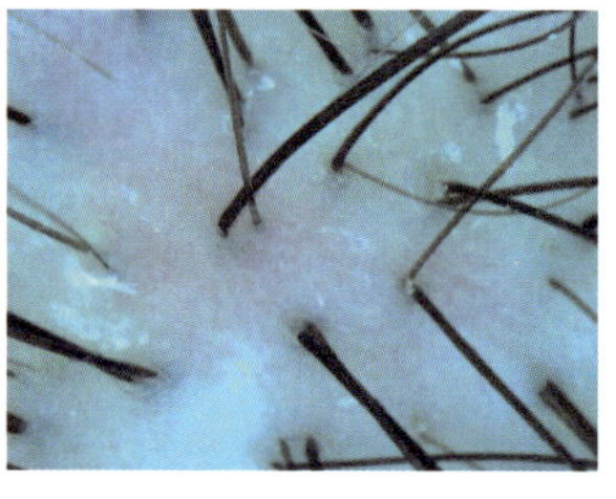

[그림 3-9] 진단영상

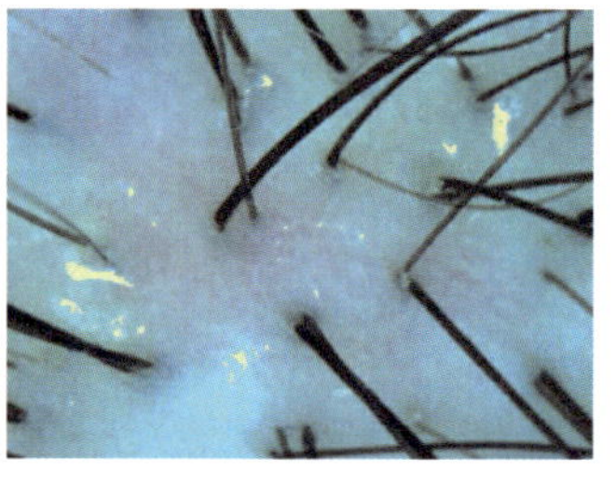

[그림 3-10] 판독영상

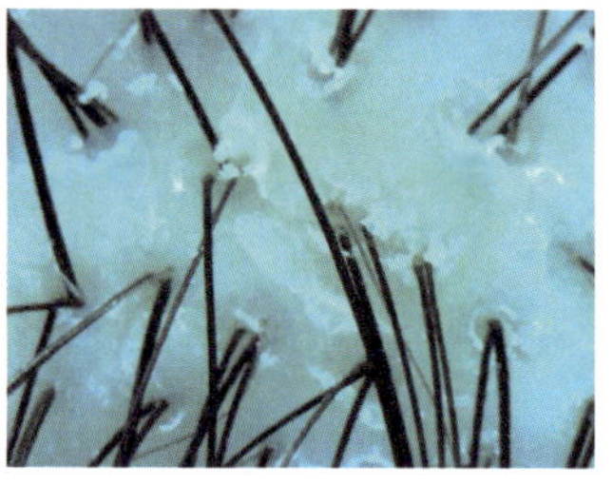

[그림 3-11] 진단영상

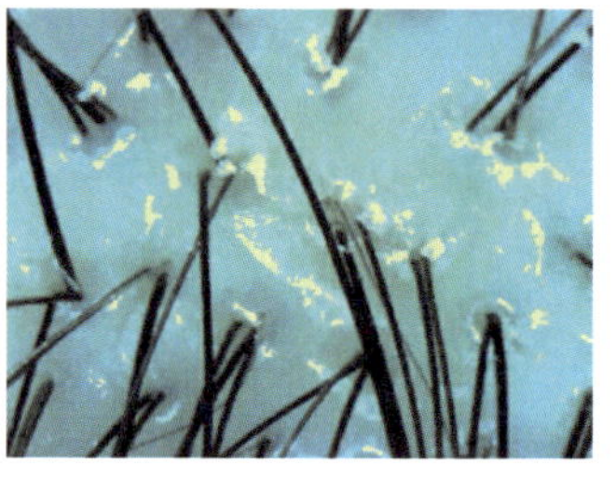

[그림 3-12] 판독영상

(자료제공 : 아람휴비스(주))

(5) 혈관노출(편광렌즈, ×60)

편광렌즈를 사용하여 측정한다. 다른 빛을 차단하여 두피에 노출된 혈관을 선택적으로 판독하여 진단자가 두개피에 노출된 혈관의 판독이 쉽도록 판독영상으로 보여 준다.

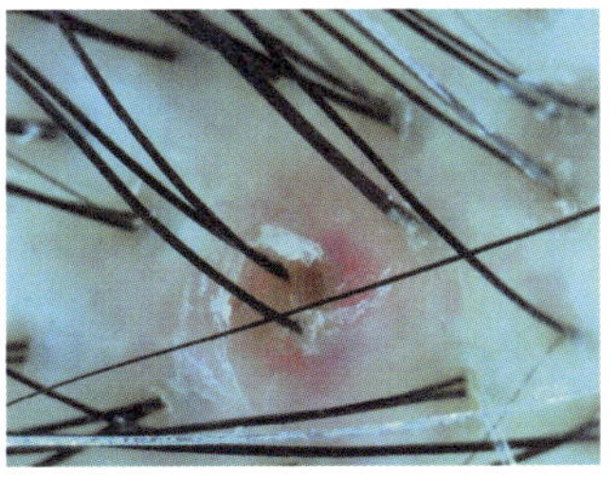

[그림 3-13] 진단영상

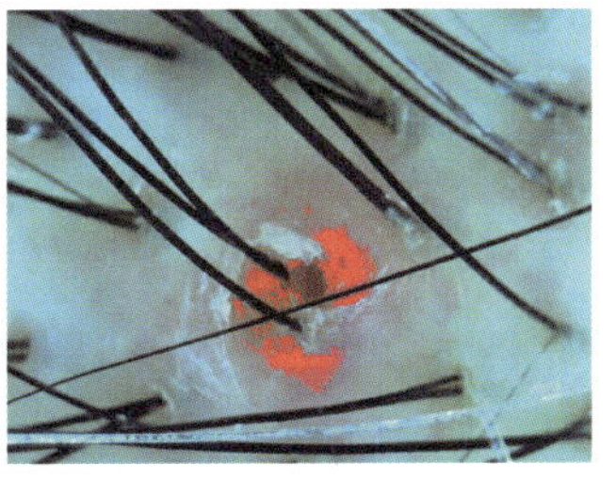

[그림 3-14] 판독영상

(자료제공 : 아람휴비스(주))

(6) 모발두께(×200)

원하는 모발의 굵기를 측정할 수 있다. 모발의 정확한 사이즈가 측정되어 정상범주와 비교하여 판단할 수 있다.

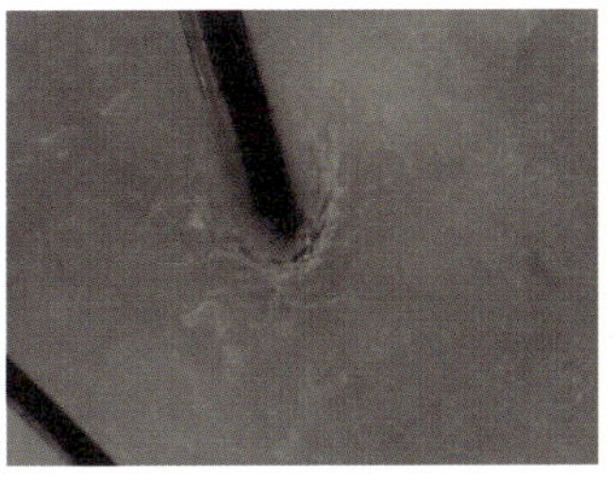

[그림 3-15] 진단영상

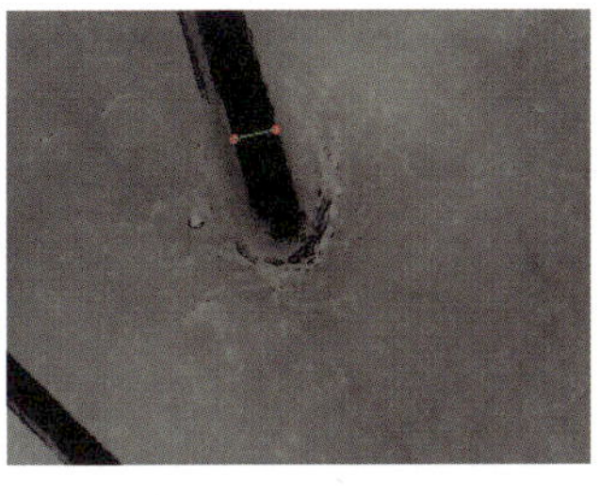

[그림 3-16] 판독영상

[그림 3-17] 진단영상

[그림 3-18] 판독영상

(자료제공 : 아람휴비스(주))

(7) 모공 상태(×200)

모공의 각질 분포 상태를 파악하여 모공이 각질에 쌓여 닫혀있는지를 파악할 수 있고, 이를 통해 제품의 경피흡수능력을 예상해 볼 수 있다.

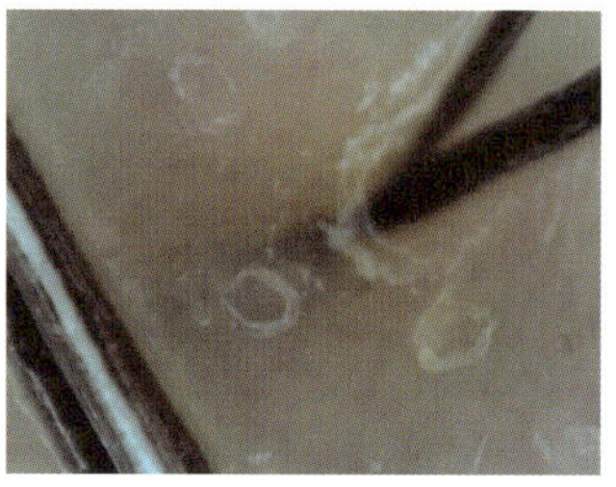

[그림 3-19] 진단영상

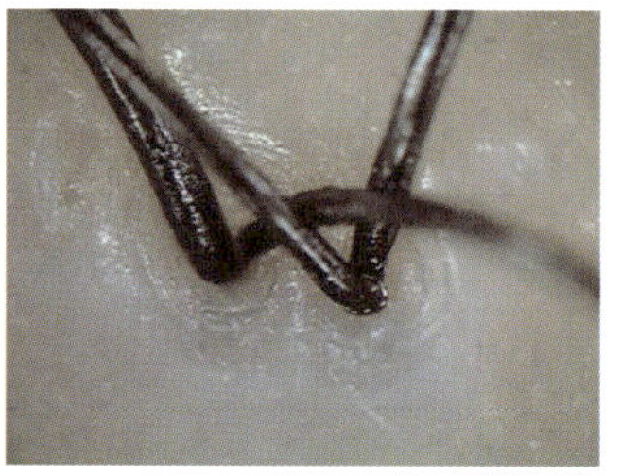

[그림 3-20] 판독영상

(자료제공 : 아람휴비스(주))

(8) 모발 손상도(×500, ×1000)

가장 배율이 높은 렌즈로 진단한다. 모표피 케라틴의 배열 상태 파악이 가능하다. 반전영상을 통하여 초보자도 모발이 손상된 부위를 판단할 수 있도록 손상된 부위에 색을 입혀 손상 모발의 판단이 쉬우며, 모발 손상의 경향성을 알 수 있다. 이를 활용한 시술이 가능하다.

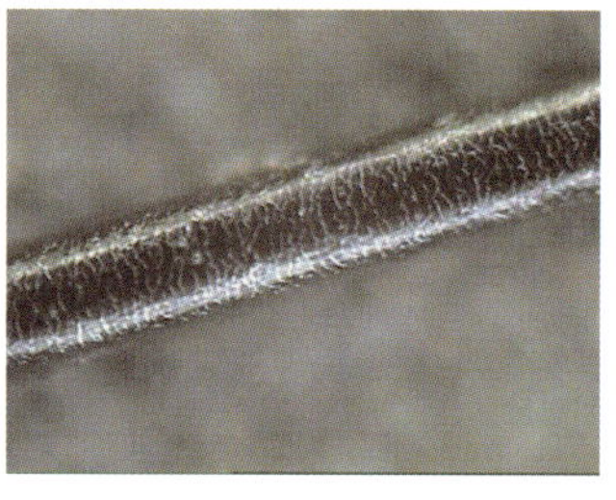

[그림 3-21] 500배 진단영상

[그림 3-22] 반전영상

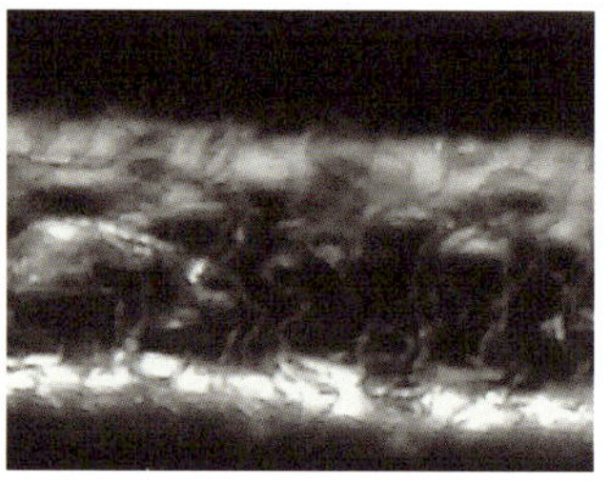

[그림 3-23] 1,000배 진단영상

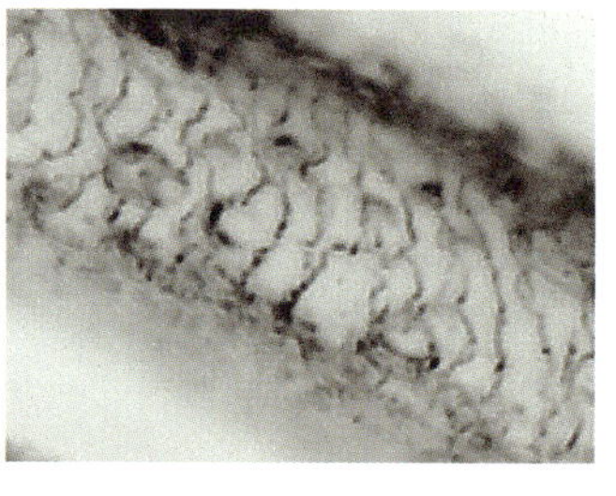

[그림 3-24] 반전영상

(자료제공 : 아람휴비스(주))

3. 두개피 관리기기

1) 관리기기의 사용 목적

두개피 관리기기의 사용은 제품을 효과적으로 흡수 및 개선의 극대화를 위하여 사용한다. 관리 시 문제점을 보다 효과적으로 해결하기 위하여 사용하는 제품 또는 제품에 함유된 성분의 효과를 상승시키면서 물리적 작용을 통해 두개피의 문제를 해결할 수 있는 기기를 이용하면 보다 효과적이다. 두개피 관리는 인체에 특수한 조직을 대상으로 하는데, 인체는 외부로부터 흡수되는 물질에 대해 스스로 방어 작용을 한다. 그러므로 제품에 대한 인체의 방어 작용을 없애고 인체의 자연치유를 높이기 위해 관리용 기기를 사용한다. 이것은 단순히 손을 이용한 관리 방법을 넘어 과학적이고 효과적으로 관리하는 방법이다. 이러한 관리용 기기는 전문가용과 일반용으로 구분한다.

2) 관리용 기기

(1) 릴렉스 기기

두개피 관리 전 긴장된 근육을 풀어주기 위해 사용하는 기구로 저주파가 있다.

① 저주파기

- 원리 : 10kHz 이하의 교류 전류를 이용한 관리용 기기이다.
- 효과 : 근육의 통증 및 신경조직을 자극하여 진정시켜 주며, 혈액순환을 촉진해 피지 및 땀의 분비를 조절하여 두피 정상화와 면역력을 증가시킬 수 있다.

※ 저주파 사용 시 주의사항

② 음파 진동기

- 원리 : 미세음파(분당 120회)에서 강한 음파(분당 480회)의 진동으로 마시지하는 관리용 기기이다.
- 효과 : 경혈, 근막, 두피 및 얼굴 등 음파 진동을 통하여 뭉친 근육 및 신경조직을 자극하여 근육을 이완시키고 혈액순환을 촉진한다.

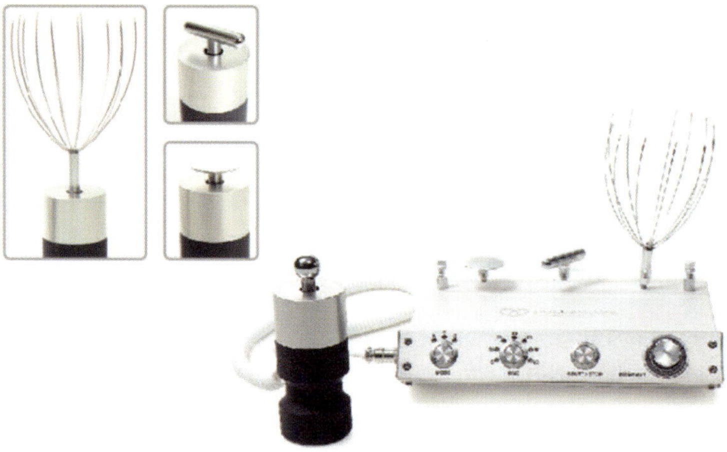

[그림 3-25] 두개피 관리용 음파 진동기

(2) 세정기기

세정기기는 두피나 모발의 피지, 각질, 노폐물을 제거하기 위해 사용하는 기기로, 두개피 스케일링을 통해 모공을 열어주고 모근의 호흡 작용을 촉진하며, 영양성분의 흡수가 쉽도록 도와주는 역할을 한다.

학 · 습 · 정 · 리

[그림 3-26] 워터펀치

(3) 영양침투 기기

제품의 피부 흡수를 도와주며 두피 활성화를 위해 사용하는 기기로 고주파기, 초음파기, 음이온기, 헤어레이저기 등이 있고, 의료용으로 메조건이 있다.

학·습·정·리

[그림 3-27] 근적외선 관리기

실습과제

1. **실습 진행**(실습 소요시간 : 30분) : 두개피 유형별 포트폴리오

1) 정상 두개피	3) 건성 두개피
2) 지성 두개피	**4) 문제성 두개피**

chapter

04

Trichologist

두개피 진단

학·습·목·표

- 두개피 진단을 통하여 두개피 유형별 판독과 관리 실무에 적용할 수 있다.
- 문제성 두개피를 통하여 문제성 두개피를 진단하고 관리 실무에 적용할 수 있다.

1. 두개피 진단

두개피의 진단은 진단기(전자현미경)를 통하여 진단을 진행한다. 두개피 진단 시 피지막, 피지량, 수분량, 두개피 톤, 각화주기의 유·무 등에 따라 진단하여 구분한다. 먼저 1차 상담에서 얻은 정보를 통해 진단기를 사용하여 2차 진단을 시행한다. 두개피 진단기를 사용하여 전두부, 후두부, 두정부, 측두부를 진단하여 문제를 파악한다.

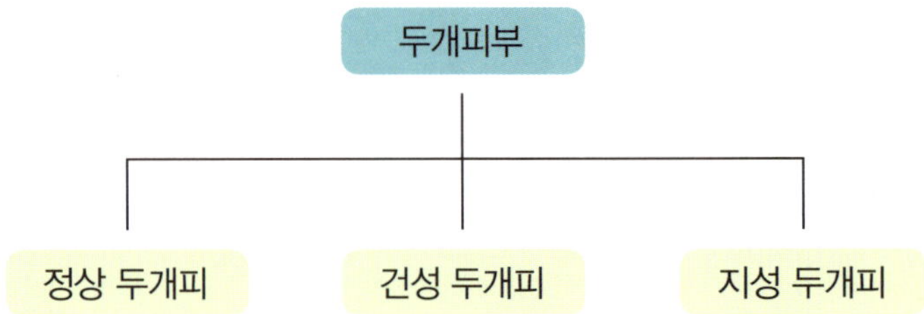

[그림 4-1] 두개피 분류

1) 정상 두개피

정상 두개피는 두개피부 위에 적절한 피지가 분출되어 있으며 모공은 이물질이 없이 맑고 투명한 상태이다. 모발의 굵기가 일정한 굵기로 배열되어 있으며, 한 개의 모공에 2~3가닥의 모발이 성장하는 것처럼 보인다. 두개피부 상태가 맑은 청백색을 띠고 있으며, 모누부상부의 모공은 윤곽선이 뚜렷할 뿐 아니라 피지 및 각질이 보이지 않는 투명하고 깨끗한 상태를 보인다.

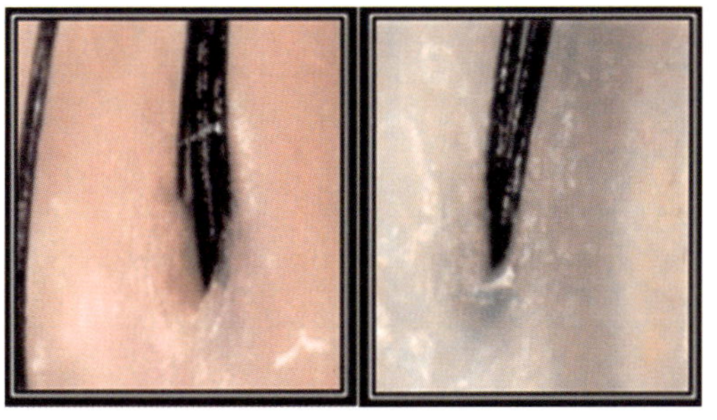

[그림 4-2] 정상 두개피

(1) 정상 두개피 특징

번호	구분	내용
①	두개피 톤	
②	모공 상태	
③	피지 분비량	
④	각질 정도	
⑤	모발 밀도	
⑥	민감도	
⑦	기타 증상	
⑧	수분 함량	

2) 건성 두개피

건성 두개피는 각질의 탈락이 빠르게 진행되고 있으며, 2~3일 정도 샴푸를 하지 않아도 기름기가 보이지 않는다. 모누두상부는 각질과 이물질로 덮여있으며, 건조하게 갈라진 피지막과 더불어 두개피부가 당기고, 가렵고, 표면에서 유·수분의 균형이 맞지 않아 윤기가 부족하고 각질이 산재되어 있다. 모발은 가늘어지고 거칠어져 건조하며, 이 상태가 오래 지속될 경우에는 두개피부와 두개골의 밀착으로 두개피의 유연성이 떨어져 탈모를 유발한다.

건성 두개피의 내적요인으로는 남성호르몬인 테스토스테론 피지 분비선에서의 분비 부족, 스트레스에 의한 인체생리의 변화와 외적요인으로 펌 또는 염색 시술 시 문제, 영양섭취의 불균형에 의해 나타난다.

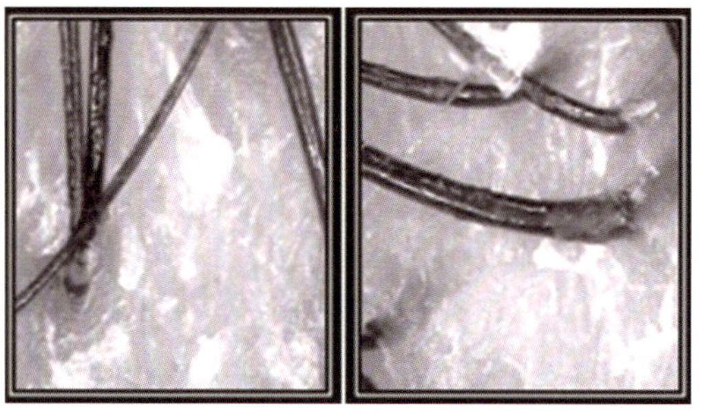

[그림 4-3] 건성 두개피

(1) 건성 두개피 특징

번호	구분	내용
①	두개피 톤	
②	모공 상태	
③	피지 분비량	
④	각질 정도	
⑤	모발 밀도	
⑥	민감도	
⑦	기타 증상	
⑧	수분 함량	

3) 지성 두개피

지성 두개피는 과도한 피지분비로 인하여 몇 시간만 지나도 기름기가 가득한 상태로 모누두상부가 번들거리고 축축하게 들러붙어 끈적임을 동반한다. 피지로 인해 냄새가 나며 피지 위에 여러 가지 이물질이 흡어져 있다. 지성 두개피부는 호르몬의 변화 및 스트레스로 인하여 한선과 피지선의 이상 현상을 유발하여 피지와 땀이 두개피를 지나치게 번들거리게 한다. 두개피를 잘 관리하지 않을 경우 노화각질, 피지 산화물로 인해 심한 악취가 나고 두개피 톤은 황색을 띤다.

지성 두개피의 내적요인으로는 남성호르몬 과다분비에 따른 유전적 요인에 기인하며, 외적요인으로는 지나친 패스트푸드와 육류의 과다섭취 등에 기인한다. 또한 스트레스 및 샴푸 등의 모발 화장품에 의해 악화하기도 하는데, 심할 경우 지루성 염증을 유발해 가려움을 유발한다.

[그림 4-4] 지성 두개피

(1) 지성 두개피 특징

번호	구분	내용
①	두개피 톤	
②	모공 상태	
③	피지 분비량	
④	각질 정도	
⑤	모발 밀도	
⑥	민감도	
⑦	기타 증상	
⑧	수분 함량	

2. 문제성 두개피

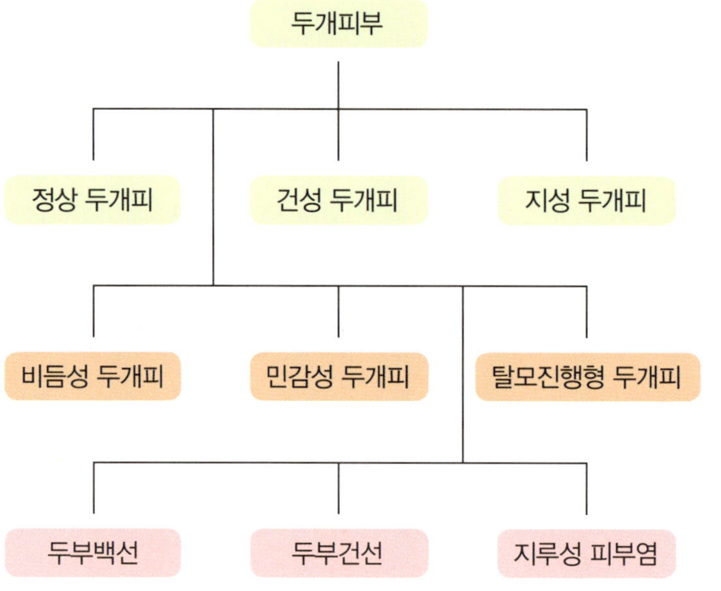

[그림 4-5] 문제성 두개피 분류

1) 민감성 두개피

민감성 두개피는 모발이 매우 가늘어진 상태로 두개피부에 가느다란 모세혈관이 보이고 긁으면 쉽게 빨개지며 따가움과 자극을 동반한다. 건성 두개피, 지성 두개피, 지루성 두개피 등 모든 종류의 두개피로 전이될 수 있는 유형이다. 세균감염 또는 과도한 화학제품 사용에 의한 두개피 자극 등의 원인에 의해 두개피부 각화주기 이상현상이 발생된다.

민감성 두개피는 유전적 체질과 호르몬 분비 불균형, 염증 또는 긴장으로 인해 두개피부가 통감이 나타난다. 또한 미세한 자극에도 쉽게 반응하므로 어떤 관리보다 섬세하게 관리하는 것이 효과적이다. 이는 두개피부 염증을 동반할 수가 있으며, 치료 후에도 재발 우려가 있다. 원인으로는 각화과정의 빠른 진행 또는 외부 요인으로 각질층의 얇은 두께 형성, 수면 부족, 스트레스, 세균감염 등을 들 수 있다.

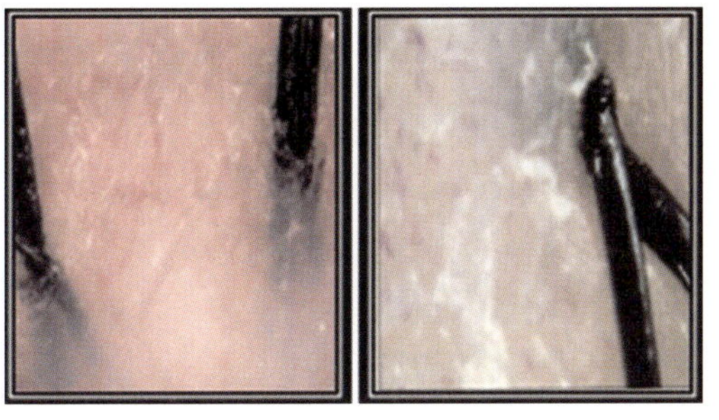

[그림 4-6] 민감성 두개피

(1) 민감성 두개피 특징

번호	구분	내용
①	두개피 톤	
②	모공 상태	
③	피지 분비량	
④	각질 정도	
⑤	모발 밀도	
⑥	민감도	
⑦	기타 증상	
⑧	수분 함량	

2) 비듬성 두개피

비듬성 두개피는 비듬균의 증식으로 인해 발생하며, 가려움증을 동반한다. 건성 비듬과 지성 비듬, 혼합형 비듬으로 나타나는 비듬성 두개피는 모공 주변 얼룩짐과 산화 피지의 분포량에 의해 구분할 수 있다.

건성 비듬은 어깨 위에 하얀 조각들처럼 비듬이 날리며, 모발에 서캐처럼 붙어있기도 한다. 지성 비듬은 두개피부 위에 기름기가 띠를 형성하고 있으며, 땀과 먼지 등이 엉겨 붙은 조각들로 나타난다.

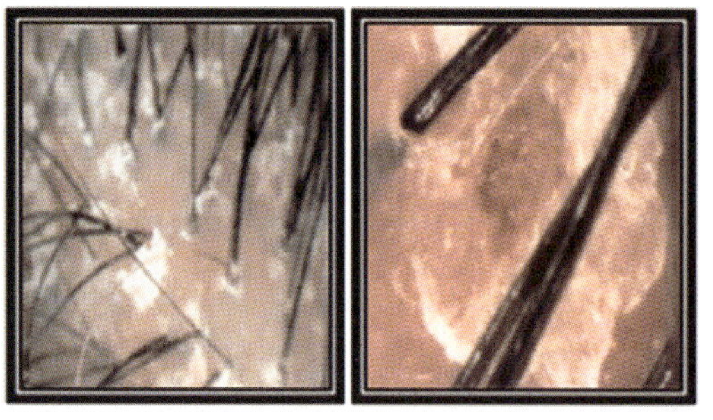

[그림 4-7] 비듬성 두개피

(1) 건성 비듬성 두개피

건성 비듬성 두개피는 두개피가 건조하고 각질이 일어나며, 하얗고 가는 비듬의 형태를 띠고, 가려움증을 동반하고 영양실조나 잘못된 샴푸 방법 등으로 발생한다.

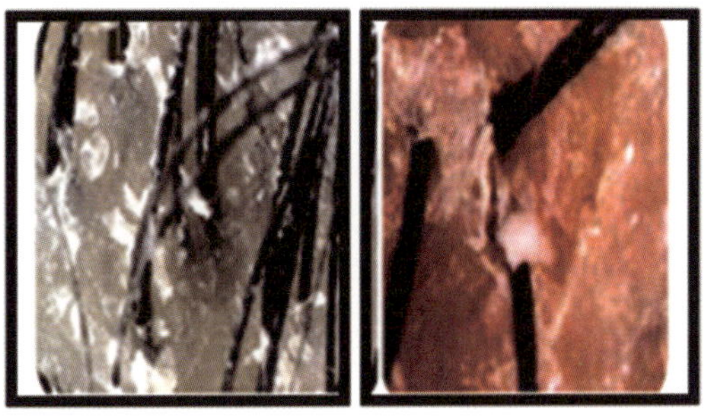

[그림 4-8] 건성 비듬성 두개피

(2) 건성 비듬성 두개피 특징

번호	구분	내용
①	두개피 톤	
②	모공 상태	
③	모발 탄력도	
④	피지 분비량	
⑤	수분 함량	
⑥	노화 각질	
⑦	민감도	
⑧	모발 밀도	
⑨	기타 증상	

(3) 지성 비듬성 두개피

지성 비듬성 두개비는 과도하게 분비된 피지와 각질이 섞여 두개피가 축축하고 열이 있으며, 두개피가 물렁물렁하고 가려움증과 악취를 동반한다.

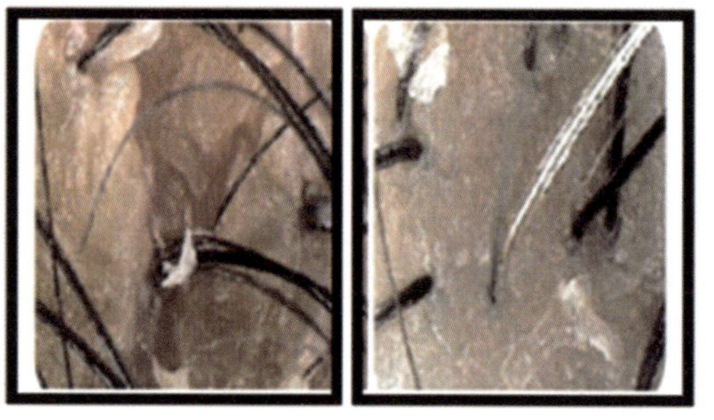

[그림 4-9] 지성 비듬성 두개피

(4) 지성 비듬성 두개피 특징

번호	구분	내용
①	두개피 톤	
②	모공 상태	
③	모발 탄력도	
④	피지 분비량	
⑤	수분 함량	
⑥	노화 각질	
⑦	민감도	
⑧	모발 밀도	
⑨	기타 증상	

(5) 혼합 비듬성 두개피

혼합 비듬성 두개피는 오랜 시간 동안 피지 산화작용으로 비듬이 건성 비듬과 같은 형태로 머물러 있지만, 건성 비듬에 비해 쉽게 떨어지지 않는다.

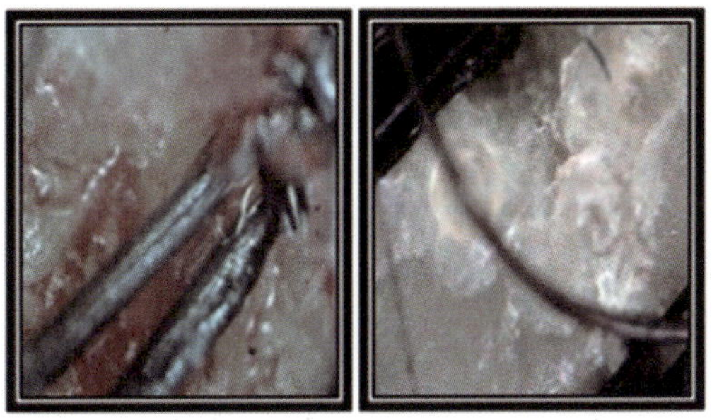

[그림 4-10] 혼합 비듬성 두개피

(6) 혼합성 비듬성 두개피 특징

번호	구분	내용
①	두개피 톤	
②	모공 상태	
③	모발 탄력도	
④	피지 분비량	
⑤	수분 함량	
⑥	노화 각질	
⑦	민감도	
⑧	모발 밀도	
⑨	기타 증상	

3) 지루성 두개피

지루성 두개피는 스트레스에 의한 안드로겐의 합성에 기인하여 피지의 과도한 분비가 원인이다. 스트레스는 코티솔을 증가시켜 안드로겐 생성을 촉진한다. 이는 과도한 피지분비를 촉진하여 지루성 두개피를 유발하고 가려움증과 염증을 동반하여 지루성 피부염을 만든다.

지루성 두개피가 심할 경우 진물과 비강성 탈모증, 비듬과 관련된 두개피 이상 각화 현상을 일으키며, 모발 성장을 방해함으로써 탈모를 유발한다. 원인으로는 유전적 요인과 피지의 과잉 분비, 바타민 B 부족, 세균감염, 지나친 패스트푸드와 육류의 과다섭취 등이며, 관리가 쉽지 않다.

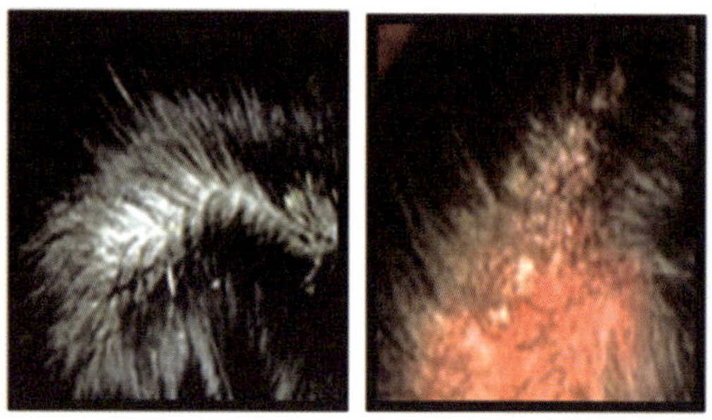

[그림 4-11] 지루성 두개피

4) 지루성 피부염

(1) 원인

지루성 피부염의 주된 원인은 말라세시아균 이상 증식이 원인이며, 부가적으로 스트레스, 체내의 혈이 부족해 생긴 병증, 체내습열, 비타민 B의 영양결핍, 식생활, 유전, 호르몬 불균형, 두개피의 청결하지 못한 관리 등이 원인이 될 수 있다.

(2) 지루성 피부염의 특징

번호	구분	내용
①	두개피 톤	
②	모공 상태	
③	모발 탄력도	
④	피지 분비량	
⑤	민감도	
⑥	탈모율	
⑦	각질 두께	
⑧	기타 증상	

5) 탈모 진행형 두개피

탈모 진행형 두개피는 모발의 성장이 중지된 것으로 모모세포의 힘이 약해져 모발주기가 변화된 것을 의미하고, 가려움증 동반, 비듬과 피지 분비량이 증가한다.

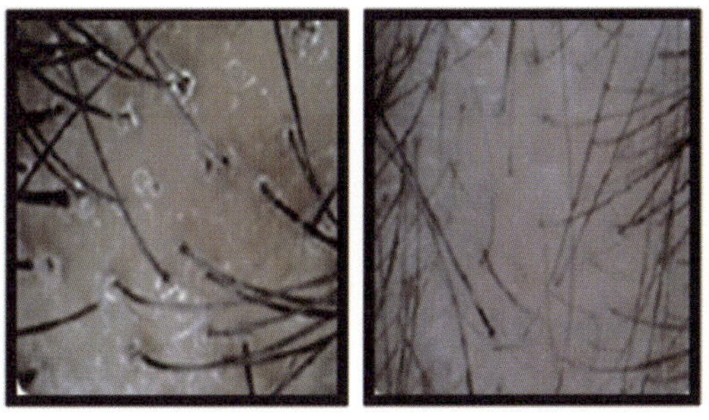

[그림 4-12] 탈모 진행형 두개피

6) 두부백선

두부백선은 피부사상균(무좀균)에 의한 피부감염으로 발생하는데, 두부 부위에 나타나는 것을 의미한다. 일종의 버짐과 같은 형태로 두개피에 발생하는 전염성 피부염, 두상 전체에 발생할 수 있고 과다한 각질과 전염성이 있으며 주로 어린아이에게 많이 보인다.

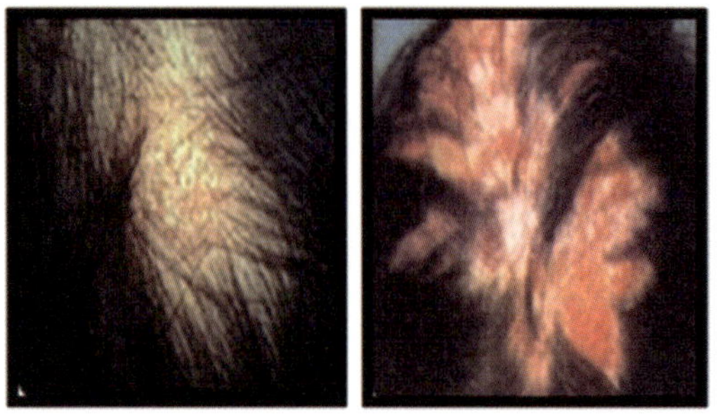

[그림 4-13] 두부백선 두개피

(1) 두부백선의 원인

학·습·정·리

(2) 두부백선의 특징

번호	구분	내용
①	모공 상태	
②	각질 정도	
③	가려움 현상	
④	두피 톤	
⑤	모발 탄력도	
⑥	기타 증상	

7) 두부건선

두부건선은 두개피 및 신체에 발생하는 만성 피부질환으로 표피세포의 빠른 각화 현상과 세포분열 촉진으로 각질이 두껍게 쌓여있고, 은백색의 인비닐(인설) 형태이다.

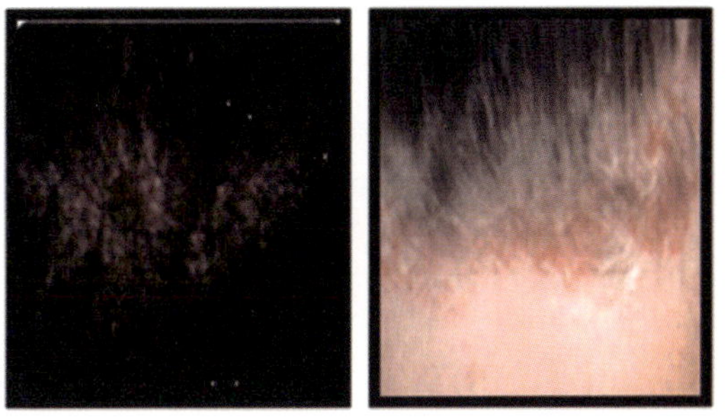

[그림 4-14] 두부건선

실습과제 : 고객 진단 차트

상담일		진단명		고객명	
나이	세	성별		진단초점	
사용렌즈	육안 / 1배 / 60배 / 200배 / 현미경			측정시간	샴푸 후 (　　　) 시간
두피 톤	정상 / 혼탁 / 얼룩 / 붉음 / 기타			모공상태	막힘 / 보통 / 열림
피지 분비량	과다 / 보통 / 적음 / 원활함 / 원활하지 않음 / 기타(　　　　　　)				
두피손상 및 이상현상	염증 / 홍반 / 가려움 / 비듬 / 건선 / 백선 / 아토피 / 지루성 / 기타(　　　　　　)				
각질정도	과다 / 보통 / 정상 / 부분각질 / 기타(　　　　　　)		두피예민도	(　　　)% / 100%	
두피탄력도	(　　　)% / 100%		땀 분비량	과다 / 보통 / 적음	
모낭충 기생여부	유 / 무		모발밀도	(　　　)본 / 1cm²당	
수면상태	4시간 이하 / 8시간 이상 / 불면 / 불안정적인 수면 / 기타(　　　　　　)				
모공당 모발 수			모공당 모발굵기	현저한 차이 / 비슷함	
모발 염색 여부	유 / 무	펌 여부	유 / 무	헤어 시술 주기 (　　　)개월	
모발탄력도	(　　　)% / 100%	모발손상도		(　　　)% / 100%	
모발 굵기	연모 / 경모 / 보통 / 기타 (　　　　)			모발진행도	(　　　)% / 100%
탈모유형	M자형 / O자형 / C자형 / U자형 / 여성형 Ⅰ, Ⅱ, Ⅲ / 기타(　　　　　　)				

두피 및 탈모 영상진단

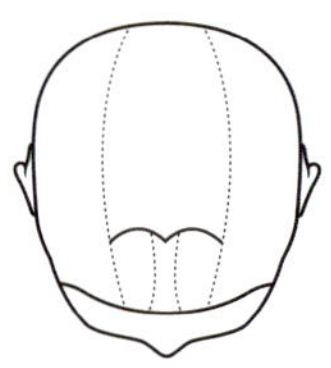

- M자형 진행도 :
- 정수리 진행도 :
- 측두부 진행도 :
- 기타 탈모 부위 :
- 두피 문제 부위 :

진단결과

두개피의 문제	
관리프로그램	
관리기간	
관리주의사항	
홈케어	

chapter

05

Trichologist

탈모와 영양

학·습·목·표

- 탈모와 탈모의 유형에 관하여 이해하고 설명할 수 있다.
- 두개피 관리에 필요한 영양성분에 관하여 이해하고 설명할 수 있다.

1. 탈모

탈모는 머리카락이 빠지는 증상을 의미한다. 이는 모모세포의 세포분열이 원활하지 못해 성장기가 짧아지는 현상이 발생, 휴지기에서 다음 성장기까지 기간이 길어지는 현상을 말한다. 또한 자라난 모발이 완전히 성장하지 못하고 빠져버리는 비정상적 상태가 지속하는 현상까지 포함한다. 동양인의 평균 모발 수는 약 10만 본으로 하루 평균 약 50~100본 정도가 빠진다. 그 이상 빠지는 것을 비정상적인 탈모라 한다. 탈모가 진행되는 원인은 매우 다양하게 발생한다.

학 · 습 · 정 · 리

① 탈모의 요인 :

1) 탈모의 특징

학 · 습 · 정 · 리

① 특징 :

2. 탈모의 유형

1) 자연성 탈모

모발의 모주기 기간을 통하여 모발이 빠지는 것을 말하며, 정상적일 때 하루 평균 약 50~100본 정도 빠진다. 하루 평균 탈모량은 계절적 영향과 연령 등에 따라 수치가 조금 높아질 수도 있으나, 일반적으로 하루의 탈모량이 약 100본 이하일 경우 자연성 탈모의 범주에 속한다. 또한 모발의 탈락 강도는 성장기 모발의 경우 약 80g 정도의 당기는 힘이 작용할 경우 빠지게 되며, 휴지기모의 경우 약 20g 정도의 힘이 작용하면 쉽게 빠지는 특징을 가지고 있다.

학 · 습 · 정 · 리

① 특성 :

② 쉐딩(Shedding) :

2) 휴지기성 탈모

모발의 성장과정 중 휴지기에 해당하는 모발이 평균 이상으로 많아지면서 나타나는 탈모 유형이다. 빠진 모발에 모근의 형태가 자연 탈모된 휴지기 모근과 비슷한 형태의 곤봉형 모양이다. 보통 정상적인 휴지기모의 비율은 약 10~14% 정도이지만, 휴지기성 탈모의 경우에는 정상적인 휴지기의 2배 가까운 약 20~25% 정도로 매우 높다. 이러한 현상은 성장기의 모발이 어떤 원인에 의해 퇴화기 과정을 거치지 않고, 휴지기로 접어들면서 나타나는 것으로 하루 평균 탈모량은 약 200본 정도이다.

학 · 습 · 정 · 리

① 특성 :

3) 산후 탈모

출산 후 탈모의 원인은 다음과 같다. 여성이 임신을 하면 여성호르몬인 에스트로겐이 10배가량 증가해 생리를 멈추고 임신을 유지한다. 여성호르몬의 영향으로 머리카락이 빠지지 않고 있다가 출산 후 약 2~5개월 후에 에스트로겐의 분비가 정상으로 돌아오면서 산후 탈모가 시작된다.

학 · 습 · 정 · 리

① 특성 :

4) 남성형 탈모

탈모는 일반적 의미로 남성형 탈모를 지칭하는 것으로, 남성형 탈모는 전체 탈모 중 가장 높은 빈도를 차지하는 유형이다.

남성형 탈모는 고환에서 생성되는 호르몬으로 사춘기가 되어 고환이 발달하면 남성호르몬이 생산되어 목소리가 굵어지고, 수염을 나게 하며, 근육이 발달하게 되고 체형이 변화하게 된다.

안드로겐(Androgen)은 남성호르몬의 작용을 나타내는 모든 물질로 남성 생식계의 성장과 발달에 영향을 미치는 호르몬을 남성호르몬이라고 한다. 남성의 2차 성징 발달에 작용하는 호르몬으로 주로 남성의 정소에서 분비되며, 일부는 부신피질과 여성의 난소에서도 분비된다. 태아의 성 분화를 촉진하고, 남성 생식기관(전립선, 정낭, 부정소, 외부생식기 등)의 기능을 유지한다. 또한 남성의 2차 성징이 나타나도록 하며, 정자 형성을 촉진 및 황체형성호르몬의 분비를 억제, 피지선을 자극해 피지의 생성을 촉진하기도 한다.

남성형 탈모는 빠른 경우 사춘기를 전후로 시작되지만 보통 30~40대에 급격하게 진행되는 양상을 띤다. 전두부에서 두정부까지 모발이 가늘어지거나 탈색되는 등의 임상 특징을 지닌다.

학 · 습 · 정 · 리

① 특성 :

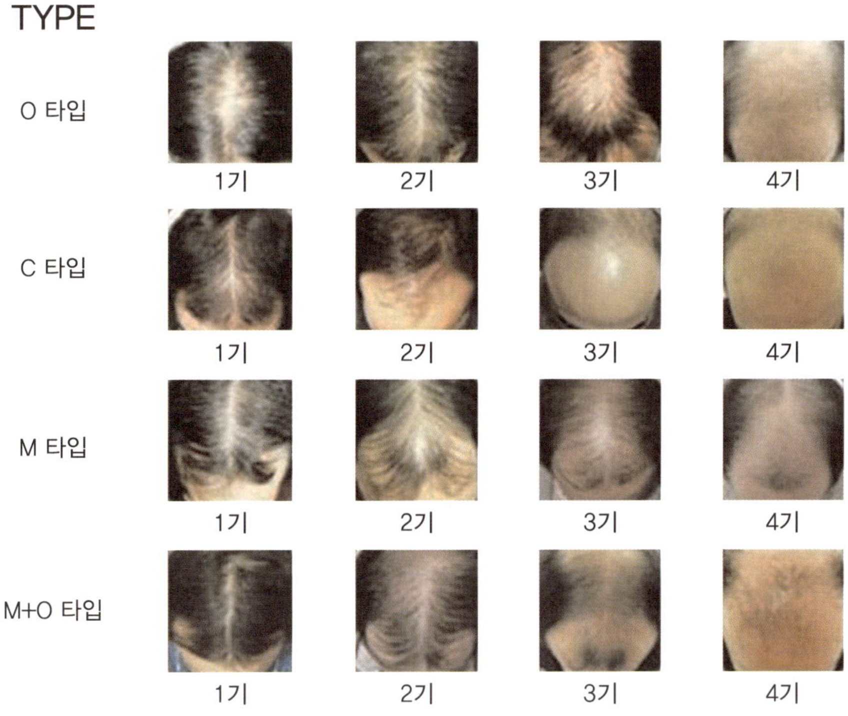

[그림 5-1] 남성형 탈모

[표 5-1] 테스토스테론과 디하이드로테스토스테론의 비교

테스토스테론(Testosterone)	디하이드로테스토스테론(Dihydrotestosterone)
정자 형성	여드름
성욕과 성기능 증진	전립선의 성장
음경 및 음낭의 성장	수염, 가슴털, 귀털, 코털 성장 촉진
근육 형성과 지방분해	이마와 정수리 부위의 머리털 성장 억제
수염, 음모, 겨드랑이 체모 성장	

5) 여성형 탈모

여성형 탈모는 탈모를 촉진하는 남성호르몬이 남성에 비해 적어 전반적으로 탈모에 대한 노출도가 적은 편이다. 에스트로겐(Estrogen)은 크게 세 종류를 들 수 있다. 에스트라디올, 에스트리올, 에스트론이다. 몸에서는 안드로겐(Androgen)의 효소 반응으로 생성된다.

여성형 탈모는 난소 기능의 저하, 폐경 등 여성호르몬인 에스트로겐의 분비가 감소하는 40대를 전후로 급격하게 나타난다. 탈모 초기에 정수리나 두정부의 가르마 부위에서 시작하여 둥근 원형을 띠고, 머리숱이 적어지고, 모발이 가늘어져 두개피가 보일 정도로 모발 밀도가 낮아지는 특징을 지닌다.

학 · 습 · 정 · 리

① 특징 :

① **안드로겐 과잉분비 :** 얼굴에서의 과다한 털과 지성피부 현상이다.

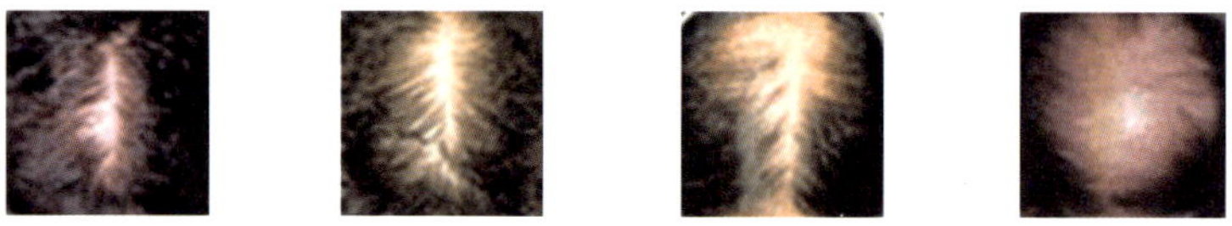

1기 2기 3기 4기

[그림 5-2] 여성형 탈모

6) 소아성 탈모

모모발과 체모는 피부 배아세포의 세포분열로 모근부가 형성된 후 생성되기 시작한다. 따라서 출생 후에 취모 및 연모가 자라난 상태로 태어난다. 그러나 출생 전 모모세포의 분열과정 이상으로 모주기가 늦춰지거나, 모발생성이 늦어지는 경우 또는 내적 이상으로 출생 시 모발수가 적거나 혹은 거의 없는 상태로 태어난다. 또한 각종 스트레스와 환경오염 등으로 인하여 탈모의 연령층이 낮아져 15세 이하의 청소년층에서 탈모를 호소하는 경우가 증가하고 있다. 이렇듯 청소년기나 소아기의 어린이에게서 나타나는 탈모 현상을 소아성 탈모라 한다.

학 · 습 · 정 · 리

① 특징 :

7) 노인성 탈모

노인성 탈모는 나이가 들면서 모모세포 및 모유두의 기능이 서서히 둔화하여 나타나는 현상으로, 두상 전체에서 서서히 모발이 가늘어지는 형태를 보인다. 일반적으로 약 60세 이후에 나타나는 것으로 하루 평균 탈모량이 정상적인 성인의 탈모량에 비해 약 50본 정도 많이 빠지며, 체질 및 건강 상태 등에 따라 차이를 가지고 있다.

학 · 습 · 정 · 리

① 특징 :

8) 원형 탈모

원형 탈모는 자각증상 없이 직경 1~5cm의 경계가 명확한 탈모로 500원짜리 동전 크기의 원형을 보인다. 원형 탈모는 최근 사회환경적 요인으로 인하여 발생빈도가 가장 높아지고 있다. 보통 원형 탈모는 한곳에서 시작되지만 동시에 2~3곳에서 발생하기도 하며, 다발적으로 발생하게 되는데 이를 사행성 탈모라고 한다. 심한 악성의 경우 머리가 전체적으로 빠지는 전두 탈모(Alopecia totalis)가 되는 예도 있고, 경우에 따라 눈썹, 속눈썹, 수염과 전신의 털까지 빠지는 등의 전신 탈모(Alopecia universalis)로도 확대된다.

학 · 습 · 정 · 리

① 특징 및 증상 :

9) 지루성 탈모

지루성 탈모는 모발의 각화과정 이상과 피지선에서 정상적이지 못한 피지분비가 원인으로 발생한다.

학 · 습 · 정 · 리

① 특징 :

10) 비강성 탈모

비강성 탈모는 비듬균의 이상 증식으로 인해 생성된 비듬이 원인으로 누구에게나 나타날 수 있는 환경적 요인의 탈모이다. 그러나 비듬이 존재한다고 모두 탈모로 이어지는 것은 아니며, 어느 날 갑자기 발생할 경우 비강성 탈모의 위험성이 높아진다. 특히 비듬이 과도하게 형성되는 사춘기 이후 발생 위험이 큰 탈모나 소아와 노인에게서는 찾아보기 힘든 탈모 유형이다.

학 · 습 · 정 · 리

① 특징 :

11) 결발성 탈모

모근부에 모발 약 80gmf 이상 고착력이 가해져 생기는 현상으로, 모근 손상이 올 수 있으며, 심각한 경우 부분적인 영구 탈모 현상이 나타날 수 있다. 일반적으로 선천적인 경우보다는 후천적인 경향이 크게 작용하는 것으로 남성의 결발성 탈모보다는 여성에게서 주로 나타난다.

학 · 습 · 정 · 리

① 특징 :

12) 약제성 탈모

장기간의 약물복용으로 인해 간 또는 위와 같은 내장기관의 기능 저하로 모발 생성에 영향을 주거나, 약물 부작용 등으로 발생한다. 대표적인 약물로 항암제, 항응고제, 피임제, 생리 지연제 등이 있으며, 대부분은 약물의 복용을 중단하면 수개월 내에 다시 모발이 자라나는 것을 볼 수 있다.

학 · 습 · 정 · 리

① 특징 :

13) 성장기성 탈모

성장기에 들어간 모발이 인체의 변화로 퇴화기와 휴지기를 거치지 않고 빠지는 현상을 보인다. 휴지기 탈모와 비교하면 탈모 기간이 매우 짧은 것이 특징이다.

학 · 습 · 정 · 리

① 특징 :

14) 압박성 탈모

모근부가 외부 혹은 내부로부터 압박을 받아 혈액의 흐름이 둔화하고, 영양공급에 장애가 발생하여 생기는 탈모 유형을 압박성(壓迫性) 탈모라 한다.

학·습·정·리

① 특징 :

15) 반흔(흉터)성 탈모

반흔성 탈모는 모근의 파괴 때문에 일어난 탈모 형태로 피하조직까지 도달한 세균감염으로 흉터가 형성되거나, 외상이나 화상 또는 방사선 조사 때문에 모근이 파괴됨으로써 나타난다.

학·습·정·리

① 특징 :

16) 모낭충에 의한 탈모

학·습·정·리

① 특징 :

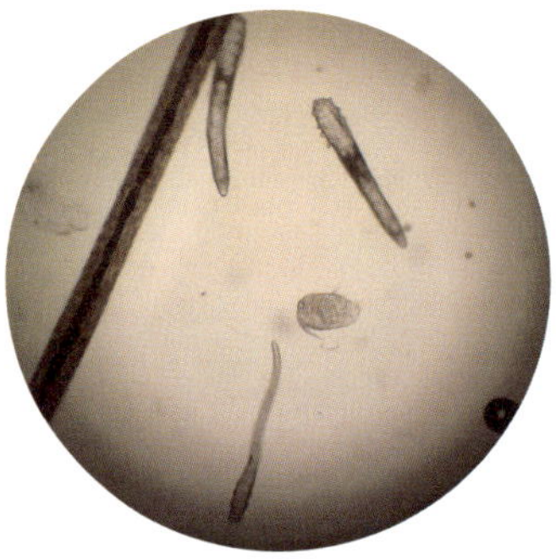

[그림 5-3] 모낭충

3. 두개피 건강을 위한 영양

1) 물

학·습·정·리

종류 : 생수, 육각수, 알칼리수 등

2) 콩류

학·습·정·리

종류 : 검은콩, 검은깨, 우유, 찹쌀, 메밀, 두부, 간 등

3) 해조류

학 · 습 · 정 · 리

종류 : 미역, 다시마, 김, 조개류, 어류, 장어 등

4) 과일 및 야채

학 · 습 · 정 · 리

종류 : 사과, 배, 복숭아, 포도, 토마토, 파, 시금치, 쑥갓, 버섯, 생강, 마늘, 솔잎, 목이버섯, 연근, 어성초, 하수오 등

5) 견과류

학·습·정·리

종류 : 호두, 아몬드, 잣, 캐슈넛, 땅콩, 헤이즐넛, 피스타치오, 해바라기씨, 각종 씨 등

6) 신장에 좋은 약초

학·습·정·리

종류 : 산수유, 오미자, 은행, 말린 밤, 복분자, 토사자(새삼씨), 쑥, 우슬, 무우 등

4. 파이토케미컬(Phytochemical)

파이토케미컬의 어원은 그리스어의 식물을 뜻하는 피토(Phyto)와 화학물질 케미컬(Chemical)의 합성어로, 채소와 과일에 들어 있는 식물성 화학물질을 말한다. 이는 식물이 병원균이나 해충, 미생물 등으로부터 자신을 보호하기 위해 만들어내는 일종의 보호물질로 파이토케미컬은 상당수의 의약품에 활용되고 있다.

인체에 항산화 작용, 세포 손상억제, 면역기능 향상 등에 영향을 주고 이를 제7의 영양소라고도 한다.

[그림 5-4] 파이토케미컬

1) 레드푸드(Red food)

① 폴리페놀 성분은 발암물질을 수용성으로 만들어 몸 밖으로 내보내는 작용을 한다.
- 종류 : 토마토, 사과, 딸기, 수박, 자두, 석류, 붉은 고추, 대추, 오미자 등

② 라이코펜은 남성 전립선을 튼튼하게 하고, 폐암을 예방하는 효과가 있다.
- 종류 : 구아바, 파파야, 핑크색 자몽, 수박, 토마토 등

③ 캡사이신은 혈액 응고 위험을 줄여서 심혈관계 질환을 예방한다.
- 종류 : 붉은 고추

④ 폴리보노이드는 암세포 성장을 억제한다.
- 종류 : 적포도, 블루베리, 체리, 붉은 양배추 등

2) 그린푸드(Green food)

① 설포라페인 성분이 혈압과 혈중 콜레스테롤을 낮추며, 위염을 일으키는 헬리코박터 파이로리균을 억제하는 작용도 한다.
- 종류 : 브로콜리, 양배추, 아스파라거스, 샐러리, 오이, 시금치, 매실, 녹색 파프리카, 피망, 아보카도, 키위 등

② 인돌이 다량 함유돼 있어 발암물질로부터 몸을 보호하고, 간의 독소를 빼는 역할을 하는 것으로 알려져 있다.
- 종류 : 배추, 양배추, 케일 같이 녹색 잎사귀 야채 등

③ 루테인과 제아잔틴 성분은 눈을 건강하게 한다.
- 종류 : 완두콩, 아보카도, 키위, 시금치 등

3) 블랙푸드(Black food)

① 플라보노이드 성분이 함유돼 있어 노화방지와 항암작용 등의 효능이 있다.
- 종류 : 검은쌀, 검은깨, 검은콩, 오징어 먹물, 김, 미역, 다시마 등

② 셀레늄과 레시틴의 여러 무기질과 비타민이 플라보노이드와 함께 상승효과를 나타낸다.
- 종류 : 검은색 곡류와 해조류 등

③ 이소플라본은 여성 호르몬(에스트로겐) 역할을 하여 갱년기 장애 극복에 도움이 된다.
- 종류 : 검은 콩

4) 화이트푸드(White food)

① 안토크산틴은 노화억제와 항암작용을 한다.
- 종류 : 마늘, 양파, 무, 감자, 버섯, 도라지, 콩나물, 생강, 바나나, 배, 백도 등

② 알리신은 혈중 콜레스테롤을 낮추어 고혈압과 동맥경화를 예방한다.
- 종류 : 마늘, 양파의 매운 맛

③ 사포닌은 항암작용을 통해 암세포의 증식을 억제한다.
- 종류 : 감자류

④ 제니스테인과 다이아드제인, 파이코스테롤은 항암작용과 골다공증 위험을 감소시킨다.
- 종류 : 대두, 두부, 두유, 콩가루

5) 옐로푸드(Yellow food)

① 베타카로틴은 노화와 암세포 생성을 억제하는 성분이 있다.

- 종류 : 늙은 호박, 노랑 파프리카, 유자, 파인애플, 망고, 당근, 밤, 호박, 파파야, 귤, 오렌지, 감, 살구, 황도 등

② 베타카로틴과 약간의 알파카로틴은 야간 시력과 건강한 피부에 필수적인 비타민 A로 전환되어 야맹증, 안구건조증, 백내장 등을 예방하고, 세포분화 등에 도움이 된다.

- 종류 : 야채나 과일 등

[표 5-2] 음료별 카페인 함량

종류	카페인 함량	종류	카페인 함량
두통약	50mg	초콜릿	16~28mg
종합감기약	10~15mg	초콜릿(다크)	34mg
커피 아이스크림	20~33mg	콜라류	13~25mg
초콜릿 아이스크림	10mg	자양강장제	30mg
녹차 아이스크림	50~100mg	캔커피	45~47mg
우유(커피맛)	45~47mg	프라푸치노 커피	78mg
요구르트(커피맛)	36mg	홍차	20~60mg
아이스티(레몬맛)	37.3mg	우롱차	20~60mg
케이크	36mg	녹차	15~25mg
껌(커피맛)	32mg	코코아	6~7mg

실습과제

1. 실습 진행(실습 소요시간 : 30분) : 작성 후 발표 진행

1) 두개피 관리적 측면에서 탈모와 탈모의 유형에 관하여 설명하시오.

2) 두개피 건강을 위한 영양에 관하여 설명하시오.

chapter

06

Trichologist

두개피 관리를 위한 아로마요법

학·습·목·표

- 아로마 오일에 관한 이론을 바탕으로 건강한 두개피 관리를 위해 설명할 수 있다.
- 두개피 관리를 위한 아로마 블랜딩을 할 수 있다.
- 아로마 오일을 활용하여 두개피 관리용 제품에 활용할 수 있다.

1. 아로마테라피(Aromatherapy)의 이해

아로마요법의 어원은 향기를 뜻하는 "Aroma"와 치료를 뜻하는 "Therapy"가 합쳐져서 만들어진 합성어이다. 향기 나는 식물에서 추출한 휘발성 정유의 기운을 이용하여 사람의 몸과 마음을 치유하고 면역력을 길러주며, 정신적, 신체적, 사회적, 환경적인 면에서 탁월한 치유 효과를 가져오는 향기 요법을 의미하여 대체의학으로 쓰이고 있다.

아로마테라피라는 용어는 1920년대 프랑스 화장품 화학자인 르네 모리스 가타포세(Rene Maurice Gattsfosse)가 처음 만든 용어로, 실험 도중 사고로 입은 심한 화상 부위에 라벤더 오일(Lavenda oil)을 사용하게 되면서 아로마 오일의 강력한 방부 효과, 상처치유 효과, 통증완화 효과를 알게 되어 그는 아로마 연구에 일생을 바치게 되었다.

아로마 오일은 구강과 코를 통해 흡입하거나 피부로 체내에 흡수되어 인간의 몸과 마음의 균형을 회복시키는 자연요법이라고 할 수 있다. 즉, 아로마 오일은 코의 후각 신경을 통해 뇌에 전달되어 인간의 기억, 감정, 호르몬 등에 영향을 미치기도 하고, 바이러스나 세균에 대항하는 성질이 있어 혈관 확장이나 수축 등 치료에 효과를 줄 수 있다.

1) 아로마 오일의 흡수 경로

아로마 에센셜 오일은 피부와 호흡기를 통해서 흡수된다. 아로마 에센셜 오일은 피부와 호흡기를 거쳐 폐를 통해 혈관으로 들어가 온몸으로 흡수되며, 신경계를 통해 뇌신경을 직접 자극하여 몸과 마음을 건강하게 한다.

(1) 피부를 통한 흡수(마사지)

아로마 오일은 향, 휘발성, 농도 등이 강하기 때문에 피부의 지질에 침투하여 흡수를 원활하게 만들어 주기 위해 캐리어 오일을 블렌딩하여 사용한다. 이렇게 캐리어 오일과 함께 사용된 에센셜 오일은 소변, 땀, 폐를 통한 호흡 등의 방법으로 체외로 배출된다.

일반적인 사람의 경우 반나절, 즉 6시간가량 지나면 아로마 오일의 성분이 땀, 소변, 호흡의 방법으로 모두 배출되어 체내에 남아 있지 않게 된다.

① 피부를 재생시키는 효과가 있다.
② 림프관 모세혈관에 영향을 미친다.
③ 피부를 통해서 아로마가 효과를 준다.
④ 한 가지 아로마 오일을 오랜 시간 자주 사용 시 유해한 경우도 있다.

(2) 후각 기능을 통한 흡수

① 코의 점막에 있는 후각세포에서 후각 신경을 거쳐 대뇌의 변연계에 전달된다.
② 변연계는 시상하부를 자극하고 시상하부는 다시 뇌하수체에 자극을 전달한다.
③ 시상하부가 자율신경계에 영향을 주기 때문에 향기로 뇌에 영향을 미친다.

(3) 폐를 통한 흡수

① 이산화탄소와 산소의 교환 시 탈산화된 폐정맥을 통해서 폐로 돌아간다.
② 폐순환을 통해서 산소와 혈액을 계면활성하는 기관이다. 이곳에서 아로마의 향은 혈액 속에 녹아들어 모세혈관을 통해 온몸으로 흡수된다.
③ 폐동맥(산소가 적은 혈액이 흐름) -> 모세혈관 -> 공기를 통해 들어온 아로마 향 -> 폐정맥으로 폐순환을 하는 과정에서 폐를 통한 흡수가 이루어진다.

2) 아로마의 흡수 방법

(1) 흡입 방법에 따른 사용

① 건조 흡입법

손수건이나 거즈에 아로마 오일을 1~2방울 떨어뜨려 코로 흡입하는 방법이다.

② 수증기 흡입법

유리볼에 끓인 물을 담고 한 김 뺀 후 블렌딩된 아로마 오일이나 단독의 아로마 오일을 떨어뜨린 후 수건으로 감싸 증기를 가둔 후 증기를 코로 흡입하는 방법을 수증기 흡입법이라 한다.

뜨거운 물 1리터에 아로마 오일 1방울을 떨어뜨린 후 5~10분 정도 흡입한다. 뜨거운 김에 얼굴이 상하지 않도록 얼굴과 유리볼 사이에 적당한 거리를 두고 수증기 흡입법을 한다. 미온수, 냉수 순으로 얼굴을 씻어 마무리한다.

③ 램프 확산법

디퓨져(diffuser)를 이용해서 5평 기준으로 2~3방울을 사용하며, 발향 시 후각세포의 피로를 풀어주기 위해 장시간(3시간 이상)은 사용하지 않는다.

(2) 목욕법

① 전신욕, 반신욕, 좌욕, 족욕, 수욕, 스파 등의 방법으로 사용한다.
② 전신욕의 경우 6~8방울, 반신욕의 경우 3~5방울을 사용한다.
③ 15~20분 정도 지난 후 씻어낸다.
④ 족욕 시 비금속 대야에 물 1리터를 담아 아로마 오일 1~2방울을 떨어뜨린 후 10~15분 후에 씻는다.

주의사항

아로마 오일은 금속이랑 접촉했을 때 변화하기 때문에 비금속을 사용한다.
아로마 오일 중 자극을 줄 수 있는 오일은 희석제(올리브리퀴드, 우유, 와인 등)에 먼저 혼합한 후 사용하도록 한다.
욕조 테두리에 붙거나 피부에 붙기 때문에 희석제에 사용하는 것이 좋다.

(3) 습포법

① 물(냉수 · 온수) 1리터에 아로마 오일 1~2방울을 떨어뜨려 거즈 또는 수건을 적셔서 통증 부위에 올려놓는다.
② 온열 습포 방법은 만성 통증, 즉 생리통, 신경통, 근육통 등에 좋다.
③ 차가운 습포 방법은 급성질환, 즉 편두통, 두통, 뼈나 인대의 손상 등에 좋다.

(4) 마사지

아로마 오일을 이용한 마사지는 피로 해소와 근육 이완 효과 및 정신적 안정감을 느낄 수 있으며 아로마테라피 효과를 볼 수 있다. 이때 아로마 오일은 피부와 코를 통해 우리 몸에 전달된다. 이때 피부를 통하여 흡수된 아로마 오일은 모세혈관과 림프샘을 통해서 우리 몸에 전달되고, 코를 통해 전달된 아로마 오일은 후각 신경과 폐세포를 통해 몸속으로 전달된다.

① 몸속에 전달되기까지 20분에서 2시간이 걸린다.
② 캐리어 오일에 2~3%로 희석해서 사용한다.
③ 10ml에 2방울 1%

마사지 사용 시 주의사항

심장병 환자, 암과 같은 심각한 질환이 있는지 확인한다.
심한 부상을 당한 사람이나 전염성 질환 환자, 고열 등을 확인한다.
염증 상태, 정맥류, 피부 감염증 환자, 혈전증 등의 상태를 확인한다.
심한 천식, 고혈압, 간질 환자, 임산부, 어린이, 노약자 사용 시 주의를 요한다.

(5) 스킨케어

피부 유형별로 맞는 아로마 오일을 선택하여 화장품이나 세안제 또는 피부관리 시 사용한다.

(6) 치약 또는 가글

잇몸질환, 차멀미, 감염, 입덧에 효과가 있다.

① 라벤다, 제라늄, 페퍼민트, 티트리를 블렌딩하여 칫솔에 묻혀 양치하거나 150ml의 물에 1~2방울 떨어뜨려 15초 이상 가글하는 방법으로 사용한다.

(7) 음용법

유럽에서는 반드시 의사의 처방에 따라 안전하다고 입증된 아로마 오일을 캡슐에 넣어서 먹기도 하고, 꿀물이나 음료수 또는 차에 1~2방울 타서 마시기도 한다.

3) 아로마의 효과적인 적용

(1) 아로마 오일 사용 전 주의사항

아로마테라피는 의료를 대신하는 것은 아니다. 생활 속에서 몸과 마음의 균형을 맞추고 생활의 질을 높이는 데 큰 역할을 할 수 있다. 그러나 사람의 체질에 따라 알레르기가 나타날 수 있으므로 사용 전 반드시 내 체질에 맞는지 확인을 해야 한다.

(가) 패치테스트와 사용한 혼합비율 기록하기

① 팔 안쪽(피부가 민감한 쪽)에 오일 2방울을 방수밴드에 떨어뜨려 붙인다.
② 일반적으로 1시간~48시간이 지나 이상이 없을 시 사용이 가능하다.
③ 패치테스트 시 48시간 진행할 경우 사용하고자 하는 아로마 오일의 2배 농도 또는 양의 오일을 적용한다.

패치테스트를 통해 양성 반응이 생긴 경우(붉은 반점 또는 가려움증, 염증 등)에 순한 비누로 즉시 피부 표면을 씻어 오일을 제거하고, 필요하다면 피부를 진정시키기 위해 알로에 베라겔을 바른다.

주의사항 : 아로마 오일 자체만 사용해서 화상을 입기도 한다.

처치시간과 빈도에 따라 그에 맞는 사용 방법을 생각하자.
보완적 테라피라는 것을 잊지 말자.
사람마다 향에 대한 기호는 다양하다.

(2) 운동 시 도움이 되는 활용법

① 혈액이나 림프액의 순환을 도와 요산이나 젖산 같은 몸속 노폐물의 배출을 돕는다.
② 진정작용과 자율신경 조절에 도움을 줘서 흥분을 가라앉히고 편안한 시간을 가질 수 있게 한다.
③ 근육을 따뜻하게 하고 긴장을 완화하며, 근육 이완, 혈액순환 촉진 등에 도움을 준다.

[표 6-1] 증상별 도움이 되는 아로마 오일

증상	아로마 오일
관절염	라벤더, 로즈, 유칼립투스, 파인, 세이지, 페퍼민트, 캐모마일
근육통	라벤더, 로즈마리, 세이지, 시나몬, 유칼립투스, 마조람, 타임, 레몬글래스, 쥬니퍼베리
수분정제(부종)	라벤더, 제라늄, 쥬니퍼베리, 파인, 로즈마리
긴장완화	라벤더, 샌달우드, 레몬, 프랑킨센스
어깨결림	라벤더, 로즈마리, 페퍼민트, 레몬, 마조람, 레몬글래스

2. 캐리어 오일의 이해

캐리어 오일은 식물에서 추출한 100% 오일을 의미한다. 캐리어 오일은 피부에 잘 흡수가 되도록 도와주는 역할을 하는 오일로 에센셜 오일과 혼합하여 사용하는 오일을 의미한다.

캐리어(Carrier)는 "옮겨준다"라는 의미로 에센셜 오일을 인체에 침투시켜 주는 식물성 오일을 뜻한다. 순전히 에센셜 오일의 입장에서만 지어진 이름이며, 에센셜 오일을 피부에 원액 그대로 사용할 수 없어서 식물의 견과, 꽃, 씨, 열매 등에서 추출한 식물성 오일을 피부 속으로 운반해 준다는 의미에서 캐리어 오일이라 부른다. 그러나 단순히 에센셜 오일만을 이동시켜 주는 역할뿐만 아니라 캐리어 오일 자체로도 충분한 효능과 역할을 하고 있다.

캐리어 오일에는 비타민 A, 비타민 E, 올레산, 리놀렌산 같은 불포화지방산, 미네랄 등의 유효한 성분들을 가지고 있으며, 사용하고자 하는 용도 및 피부 상태에 맞게 캐리어 오일을 선택하여 사용한다면 더 좋은 효과를 즐길 수 있다.

1) 캐리어 오일의 특징

① 상온에서 캐리어 오일은 모두 액상으로 존재한다.
② 모든 에센셜 오일은 캐리어 오일에 잘 섞여 피부에 흡수된다.
③ 아로마테라피를 사용 시 자연스럽게 피부에 유효한 성분을 전달한다.
④ 캐리어 오일은 약용연고, 패치, 기능성 화장품에 사용되는 추세이다.
⑤ 불포화지방산은 피부를 통해 흡수가 잘되고 인체가 필요로 하는 곳에 유효한 작용을 한다.
⑥ 냉·압착(50~60도) 방식으로 추출, 즉 과도한 열을 가하지 않아야 영양성분이 보존된 오일이 된다.
⑦ 식품용과 달리 대부분의 아로마용 캐리어 오일에 포함된 불포화지방산의 함량을 보존하고, 산화를 방지하기 위해 고온에서 추출하지 않고 냉·압착법으로 추출한다.

2) 아로마테라피에 사용되는 캐리어 오일의 조건

① 직접 피부에 도포해도 안전해야 한다.
② 강한 냄새가 적은 것으로 사용한다.
③ 식물에서 추출된 식물성 오일이어야 한다.
④ 미네랄 오일과 식용유는 사용하지 않는다.
⑤ 부드러운 마사지가 될 수 있도록 윤활성이 좋아야 한다.
⑥ 안정적이어서 열이나 빛에 노출되어도 쉽게 변하지 않아야 한다.
⑦ 냉·압착, 즉 과도한 열을 가하지 않아야 영양성분이 보존된 오일이 된다.
⑧ 끈적임이 적고 부드러워야 한다(단, 아보카도 오일, 윗점 오일은 제외).

3. 아로마 블렌딩

캐리어 오일과 아로마 오일을 혼합하는 것을 블렌딩이라 하며, 블렌딩할 때 캐리어 오일에 대한 아로마 오일의 농도는 저농도에서 시작해서 고농도로 가는 것이 바람직하다. 일반적으로 피부에 적용하는 마사지의 농도로는 2~3%, 얼굴과 같이 얇은 피부와 노약자의 경우는 1% 미만을 적용한다(바디마사지를 위해서 15~20ml 정도의 블렌딩 오일을 사용한다).

- 블렌딩을 할 때는 혼합되는 아로마 오일간의 균형을 끌어내는 능력이 중요하다.
- 아로마 오일들은 다른 오일들과 섞여서 균형을 이루어 시너지 효과를 볼 수 있다.

1) 아로마 오일의 노트

(1) 아로마 오일의 향이 퍼져 나가는 속도

노트는 공기에 닿는 순간부터 향기가 퍼질 때까지의 속도를 의미하고, 이는 탑(Top), 미들(Middle), 베이스(Base)의 3단계로 분류된다. 서로 다른 노트의 오일을 골라 조합하면 향기가 퍼져 나가는 속도가 달라져 시간의 흐름에 따라 각기 다른 느낌의 향기를 느낄 수 있다.

전통적인 방식의 블렌딩은 각각의 노트가 조화롭게 있어야 하지만, 자극적인 블렌딩을 원할 경우 탑 노트만 사용하고, 진정을 위한 블렌딩일 경우엔 베이스 노트만을 사용할 수 있다.

① 탑 노트

- 공기 중에서 가장 빨리 휘발하며 맨 처음 맡을 수 있는 향으로 오래가지는 못하지만, 블렌딩에 있어서 전체적인 향의 성격을 결정짓는 중요한 역할을 하고 있다.
- 탑 노트의 오일은 신체 적용 시에도 가장 빨리 작용한다.
- 이 오일들은 심신의 상태를 자극하여 고양하는 향이다.
- 탑 노트 성분으로는 바질, 버가못, 유칼립투스, 자몽, 쥬니퍼베리, 레몬, 라임, 만다린, 네놀리, 오렌지, 페퍼민트, 파인, 티트리 등이 있다.

② 미들 노트

- 중간 정도의 휘발성을 가지고 있는데 탑 노트와 베이스 노트 사이에서 균형감을 이끌어 주는 역할을 하며, 향을 부드럽게 만들어 주는 역할을 한다.
- 미들 노트에 해당하는 오일은 주로 신체의 균형을 잡아주는 작용을 한다.
- 블랙페퍼, 시더우드, 캐모마일, 클라지세이지, 제라늄, 진저, 자스민, 라벤다, 레몬글라스, 마조람, 팔마로사, 로즈, 로즈마리, 로즈우드, 일랑일랑 등이 있다.

③ 베이스 노트

- 가장 기본이 되는 향으로 비교적 오래도록 향을 유지한다.

- 베이스 노트의 오일은 휘발성이 강한 아로마 오일의 휘발속도를 지연시키는 고정제로 향을 오래 지속시켜 주고 전체적인 배합을 안정되고 향을 유지시켜 주는 작용을 한다.
- 베이스 노트에 해당하는 오일은 심신을 안정시키고 이완시키는 작용을 한다.
- 주로 나무나 수지에서 얻은 오일들이 베이스 노트에 해당한다.
- 프랑킨센스, 미르, 샌달우드, 베티버, 패츄리 등이 있다.

2) 향의 유형에 따른 블랜딩

① 플로럴향 : 향기로운 꽃향, 우드와 프룻, 달고 케케묵은 향이다. 몇몇 허브향 등과 잘 어울리며 캠퍼향과는 어울리지 않는다.

② 프룻향 : 달콤하고 신선한 과일향, 덜 비싸고 블렌딩하기 쉬우며, 플로럴과 우드와는 잘 어울리지만, 캠퍼향과는 맞지 않는다.

③ 그린향 : 막 베어낸 풀이나 나뭇잎 또는 나뭇가지를 연상시키는 상쾌한 향이다. 소량이라면 어떤 에센셜 오일과도 잘 섞인다.

④ 허브향 : 약초향과 같은 허브향, 캠퍼, 우디향과 잘 어울리며, 플로럴과 사용할 때 신중하게 사용해야 한다.

⑤ 캠퍼향 : 약냄새 같은 느낌으로 코를 톡 쏘는 듯한 강한 향이다. 플로럴향과 블렌딩은 엉망이 되기 쉽고 프룻향과 잘 블렌딩되지 않는다. 허브향, 우디향과 사용하면 좋다.

⑥ 스파이시향 : 자극적이며 향신료를 연상시키는 톡 쏘는 향이다. 아주 적은 양을 사용하면 어떤 블렌딩과도 잘 어울린다.

⑦ 우디향 : 따뜻한 느낌을 주는 나무향이다. 어느 오일과도 잘 섞이며, 따뜻한 느낌을 만들어내고 용기를 준다.

⑧ 얼스향 : 흙냄새, 깊이가 있으며 어떤 블렌딩은 향을 끌어 내리기도 한다. 대략 3~10%가 적당하며 과용하지 않는 것이 좋다.

3) 두개피 관리용 오일 만들기

두피 유형에 따른 두피 관리 오일을 만드는 방법은 표 6-2와 같다. 사용 방법은 두피를 세정한 후 트리트먼트 오일을 바르고 두피를 자극할 수 있는 지압과 마사지를 한 후 따뜻한 오일이 효과적으로 흡수되도록 따뜻한 수건으로 감싼다.

[표 6-2] 두피 유형에 따른 오일 만들기

두피 종류	블렌딩 방법(3% 희석)
정상 두피	호호바 오일 10mL + 제라늄 3방울 + 일랑일랑 3방울
건성 두피	호호바 오일 10mL + 샌달우드 2방울 + 로즈우드 2방울 + 팔마로사 2방울
지성 두피	호호바 오일 10mL + 레몬 2방울 + 일랑일랑 2방울 + 로즈마리 2방울
비듬성 두피	호호바 오일 10mL + 로즈마리 3방울 + 유칼립투스 3방울
민감성 두피	호호바 오일 10mL + 샌달우드 2방울 + 카모마일 2방울 + 라벤더 2방울
탈모성 두피	호호바 오일 30ml + 로스마리 6방울 + 라벤더 8방울 + 시더우드 4방울(3% 희석)

실습과제

1. **실습 진행**(실습 소요시간 : 60분) : 아로마를 활용한 두개피 관리 제품 만들기

아로마 오일을 활용하여 두개피 유형별 관리 제품 만들기

chapter

07

Trichologist

두개피 관리

학·습·목·표

◈ 두개피 관리 및 두개피 유형별 관리 방법을 통하여 관리 실무에 적용할 수 있다.

1. 두개피 관리

두피 및 모발 건강을 저해하는 내적 또는 외적 이상 현상들에 대해 문제점이 발생하기 전 내적 요인과 외적 요인을 통해 예방과 개선하는 것을 의미한다.

1) 두개피 관리의 목적과 효과

(1) 두개피 관리의 목적

두개피도 피부의 일부분으로 세포분열 과정을 통한 일정한 각화주기가 존재한다. 그러나 내·외적 요인으로 인하여 각화주기의 변화와 두개피를 청결하게 하지 못한 관리 등으로 모공이 막혀 두개피에서 문제를 일으키는데, 이런 문제는 모발의 정상적인 성장을 저해시켜 탈모 현상을 초래한다. 따라서 올바른 두개피 관리를 통해 건강한 두피 및 모발을 유지하는 것이다.

(2) 두개피 관리의 효과

두개피 관리는 두피 내 노화된 각질이나 피지 산화물 등을 두개피 스케일링을 통해 제거해줌으로써 각화주기를 정상화하고, 모공 내 제품 침투를 높여 두피 신진대사 기능이 향상되는 효과가 있다. 또한 두개피 관리 시 행하는 마사지를 통해 혈액순환을 촉진해 최종적으로 문제성 두개피와 탈모를 예방할 수 있게 된다.

2) 두개피 손상의 원인

(1) 내적요인

두개피 손상의 원인 중 가장 문제가 되는 부분으로 호르몬 분비 이상, 식생활, 소화기관 이상, 스트레스 등으로부터 두개피 손상이 나타남을 의미한다. 이런 손상은 일반적으로 사용하는 제품이나 기기 등만으로는 효과를 보기 어렵다. 따라서 두개피 손상의 내적 요인인 호르몬이나 생활방식 및 건강 상태를 조절해야 한다.

(2) 외적 요인

외부적 요인에 의해 두개피에 외상이 나타나는 것으로 두개피 손상의 요인은 크게 물리적·화학적·환경적 요인으로 구분된다. 두피조직 전체가 파괴된 경우를 제외하면 대부분 내적 요인으로 인한 손상보다 외적 요인으로 인한 손상이 심하다.

(3) 물리적 요인

일시적인 요인으로는 잘못된 샴푸, 자극을 주는 브러싱, 드라이 등으로 두피에 상처 또는 예민하게 만들 수 있다.

(4) 화학적 요인

물리적 요인에 의한 두개피 손상보다 더 심각한 상태는 화학 약품으로 인해 발생하는 두피와 모발의 손상을 말한다. 대부분 두피 각화 현상과 예민함을 동반하나 제품 사용의 변화나 관리로 충분히 개선될 수 있다.

(5) 환경적 요인

두개피의 오염물 누적으로 손상을 일으키는데 진행 과정이 서서히 진행되어 손상 정도를 초기에 파악하기 어렵지만, 정기적인 관리를 해주게 되면 충분히 관리 효과를 볼 수 있다.

2. 두개피 타입에 따른 관리방법

1) 정상 두개피

(1) 관리의 초점

① 영양공급의 균형을 맞추어 준다.
② 매일 샴푸하여 청결을 유지한다.
③ 현재의 상태를 유지하는 것에 중점을 두어 관리한다.
④ 어깨의 근육을 풀어 혈액순환이 원활히 되도록 유지한다.
⑤ 정상적인 각화주기를 유지하기 위하여 각질이 쌓이지 않도록 청결을 유지한다.

(2) 관리방법

① 상담(문진, 시진, 촉진, 검진)

② 두개피 판독(진단기)

③ 브러싱 및 마사지

④ 헤어 스티머(5~10분 정도)

⑤ 스케일링

⑥ 헤어 스티머(10분 정도)

⑦ 두개피 세정(정상 두개피용)

⑧ 타월 드라이 및 두피 건조

⑨ 두개피 영양공급 : 영양공급용 앰플 사용

⑩ 적외선 조사

⑪ 마무리

2) 건성 두개피

(1) 관리의 초점

① 건성 두피용 샴푸를 사용한다.
② 건조로 생긴 각질을 먼저 제거한다.
③ 드라이의 과도한 열사용을 자제한다.
④ 유·수분 공급으로 각질세포를 진정시킨다.
⑤ 막힌 모공의 세척과 혈액순환 촉진에 중점을 둔다.
⑥ 깨끗해진 두개피에 영양을 공급해 건강해질 수 있도록 관리한다.

(2) 관리방법

① 상담(문진, 시진, 촉진, 검진)

② 두개피 판독(진단기)

③ 브러싱 및 마사지

④ 헤어 스티머(5~10분 정도)

⑤ 스케일링제 도포

⑥ 헤어 스티머(5~10분 정도)

⑦ 스티머 사용 시 온도 주의(40℃) : 과도한 열을 사용하는 것을 주의

⑧ 두개피 세정(건성 두개피용)

⑨ 타월 드라이 및 두피 건조

⑩ 두개피 영양공급 : 영양공급용 앰플 사용

⑪ 적외선 조사

⑫ 마무리

3) 지성 두개피

(1) 관리의 초점

① 피지 산화물을 제거한다.
② 염증이 있을 때 치료 후 관리한다.
③ 두개피 세정과 피지 조절에 초점을 맞추어 관리한다.
④ 피지의 산성을 되찾아 두피에 대한 보호 기능을 회복시킨다.
⑤ 두개피 자체가 신진대사를 원활히 하도록 하여 세균에 대한 저항력을 키운다.

(2) 관리방법

① 상담(문진, 시진, 촉진, 검진)

② 두개피 판독(진단기)

③ 브러싱 및 마사지

④ 헤어 스티머(5~10분 정도)

⑤ 스케일링제 도포

⑥ 헤어 스티머(5~10분 정도)

⑦ 두개피 세정(지성 두개피용)

⑧ 타월 드라이 및 냉풍을 사용한 두피 건조

⑨ 두개피 영양공급 : 피지 조절용 앰플 사용

⑩ 적외선 조사

⑪ 마무리

4) 민감성 두개피

(1) 관리의 초점

① 저자극 민감용을 이용하여 보습과 혈액순환을 촉진한다.
② 두개피의 유·수분 밸런스 조절에 힘쓴다.
③ 샴푸 시 두개피에 자극이 가지 않도록 한다.
④ 규칙적인 생활 습관과 스트레스 관리를 위해 노력을 한다.
⑤ 청결하게 유지하여 세균이 번식하지 않도록 위생을 철저하게 한다.

(2) 관리방법

① 상담(문진, 시진, 촉진, 검진)

② 두개피 판독(진단기)

③ 브러싱 및 마사지

④ 헤어 스티머(5~10분 정도) : 스티머 사용 시 온도 38℃, 5분 내외

⑤ 스케일링제 도포 : 스케일링 시 자극에 주의

⑥ 자연방치

⑦ 두개피 세정(민감성 두개피용)

⑧ 냉풍으로 드라이 두피 건조

⑨ 두개피 영양공급 : 민감 진정용 앰플 사용

⑩ 적외선 조사 : 과도한 열을 사용하는 것을 주의

⑪ 두개피 이완 마사지

⑫ 마무리

5) 비듬성 두개피

(1) 관리의 초점

① 비듬균 증식의 억제를 위한 항균 전용을 사용한다.
② 규칙적인 생활 습관과 스트레스 관리를 위해 노력을 한다.
③ 피지의 산성을 되찾아 두개피에 대한 보호 기능을 회복시킨다.
④ 청결하게 유지하여 세균이 번식하지 않도록 위생을 철저하게 한다.

(2) 관리방법

① 상담(문진, 시진, 촉진, 검진)

② 두개피 판독(진단기)

③ 브러싱 및 마사지(부드럽고 약하게)

④ 헤어 스티머(5~10분 정도) : 45℃, 10~15분 내외로 사용

⑤ 스케일링 : 스케일링 중 염증 및 농 발견 시 세균 전이에 주의

⑥ 헤어 스티머 및 자연방치

⑦ 두개피 세정(비듬용 항균 제품 사용)

⑧ 냉 드라이 두피 건조

⑨ 두개피 영양공급 : 비듬용 항균 앰플 사용

⑩ 적외선 조사

⑪ 두개피 이완 마사지

⑫ 마무리

실습과제

1. **실습 진행**(실습 소요시간 : 30분) : 두개피 관리 포트폴리오

두개피 유형에 따른 관리 과정을 스크랩하시오.

chapter

08

Trichologist

두개피 힐링 마사지

학·습·목·표

- 두개피 힐링 마사지의 이론적 지식을 바탕으로 관리 실무에 적용할 수 있다.

1. 두개피 힐링 마사지

두개피의 근육은 자율적인 의지로 움직이는 근육이 아니므로 외부로부터의 움직임이 필요하다. 두개피의 청결과 혈액순환 촉진을 위해서는 두개피 메니플레이션이 필요하다. 두개피에 대해 마사지를 하는 손동작을 스켈프 메니플레이션이라 한다. 경부의 수축, 긴장은 동맥, 정맥의 순환장애를 일으키고 혈액순환과 림프샘의 흐름을 방해하므로 힐링 마사지는 승모근까지의 뒷목 근육을 먼저 풀어주고 후두부 헤어라인과 머릿속 경락라인을 따라 풀어준다.

1) 두개피 마사지 효과

① 신체의 자연치유력을 높인다.

② 두개피 속의 열을 제거하여 탈모를 예방한다.

③ 림프선 계통의 자극으로 면역력을 증가시킨다.

④ 피부 노화를 예방하고 피부에 윤기를 더해준다.

⑤ 뭉친 근육을 이완하여 스트레스와 긴장을 풀어준다.

⑥ 혈액순환을 원활하게 하여 모발의 성장을 촉진시킨다.

⑦ 인체의 혈점을 자극하여 체내 기관의 에너지 균형을 이룬다.

⑧ 내분비 계통의 자극은 호르몬 분비균형을 이루어 모발 손상을 개선시킨다.

2) 마사지 기법

[표 8-1] 마사지 기법

구분	시술방법	
경찰법(Effleurage)	압력을 사용하지 않는 동작으로 손바닥, 네 손가락, 엄지 등을 이용하여 연속적인 동작으로 가볍게 문지르는 마사지 기법이다.	
강찰법(Friction)	혈액 순환 촉진 및 노폐물 제거를 위하여 피부를 강하게 누르면서 진행하는 마사지 기법이다.	
유연법(Petrissage)	근육이 많은 부분에 양 손바닥이나 손가락으로 근육을 잡고, 집어 주물러서 근육을 풀어 주는 마사지 기법이다.	
진동법(Vibration)	경련과 마비에 효과적으로 기능을 전달하기 위하여 손이나 바이브레이터를 사용하는 마사지 방법이다.	
고타법 (Tapotment)	탭핑	손가락 바닥을 이용하여 두드리는 방법이다.
	스랩핑	손바닥으로 두드리는 방법이다.
	컵핑	손바닥을 컵 모양으로 만들어 두드리는 방법이다.
	핵킹	손등으로 두드리는 방법이다.
	비팅	주먹을 살짝 쥔 후 두드리는 방법이다.

※ 마사지 시 준비단계 및 주의사항

- 조명을 너무 밝지 않게 조정한다.
- 관리사는 반드시 관리 전·후 소독한다.
- 아로마 향을 피워 심신안정에 도움을 준다.
- 항상 고객의 표정이나 반응을 살피면서 시술한다.
- 상처나 염증이 생긴 피부에 직접 시술하는 것을 피한다.
- 시술 공간을 확보하고 따뜻하고 안락한 상태를 만들어준다.
- 아픈 곳이 있는지 미리 물어보고 그곳을 조심스레 시술한다.
- 시술이 끝난 후 고객에게 마음을 안정시킬 시간을 주는 것이 좋다.
- 처음에는 부드럽게 시작해서 점점 압력을 증가시키고 마무리 시에는 힘을 다시 빼준다.
- 시술자는 활동하기 편한 옷으로 갈아입고 장신구를 제거하며 손톱은 짧게 깎아야 한다.
- 시술 과정을 시작하기 전에 먼저 고객에게 이제 무엇을 할 것이며 그 느낌은 어떤 것인지에 대해 설명해준다.

3) 혈점과 골격

[표 8-2] 경혈점

번호	구분	내용
①	두개골	두상에 있는 뼈로 전두골, 두정골, 측두골, 후두골로 나뉜다.
②	경추	흔히 목뼈라고도 하며, 7개의 뼈로 이루어져 있다.
③	흉추	경추 밑으로 12개가 존재하며 횡경막과 이어져 있다.
④	견갑골	흉곽의 뒷면에 좌우대칭으로 제2흉추~ 제7흉추에 걸쳐 있으며, 길이는 9~10㎝의 넓적한 삼각형 모양이다.
⑤	백회	• 위치: 정수리에 위치하며 양 귀의 중간 지점 • 적용: 두통, 현기증, 불면증, 고혈압
⑥	풍부	• 위치: 외후두골 융기 바로 밑에 존재 • 적용: 두통, 현기증, 목의 통증
⑦	아문	• 위치: 머리카락이 시작되는 곳, 경추 1번 밑 • 적용: 두통, 목의 통증
⑧	천주	• 위치: 뒷머리 모발 선에서 위로 0.5촌, 중간선 양측에서 각 1.3촌 • 적용: 후두부 두통, 목 부위의 경직 및 통증
⑨	풍지	• 위치: 모발선의 오목한 곳에 있는 두개골 아랫부분 • 적용: 감기, 현기증, 불면증
⑩	완골	• 위치: 유양돌기와 두개골이 만나 움푹 파인 곳 • 적용: 얼굴 부종, 턱선의 늘어짐, 목이 두꺼워짐, 어깨 경직
⑪	견정	• 위치: 경추 7번 극돌기에서 견봉까지 연결선의 중앙 지점 • 적용: 목의 통증과 뻣뻣한 증상, 어깨통증에 효과
⑫	견료	• 위치: 팔을 위로 올렸을 때 뒤로 움푹 들어간 곳 • 적용: 근육의 뻣뻣한 증상, 근육통에 효과
⑬	견우	• 위치: 팔을 위로 올렸을 때 앞부분에 움푹 들어간 곳 • 적용: 관절의 통증이나 근육이 뻣뻣한 증상
⑭	견중유	• 위치: 경추 7번 극돌기에서 2촌 옆 • 적용: 어깨 또는 등의 통증, 목의 경직, 기관지염
⑮	천종	• 위치: 견갑골의 중앙 지점 • 적용: 어깨 및 견갑골 부위의 통증, 팔의 마비
⑯	병풍	• 위치: 천종에서 수직선상에 있는 견갑골 끝부분에 위치 • 적용: 어깨통증

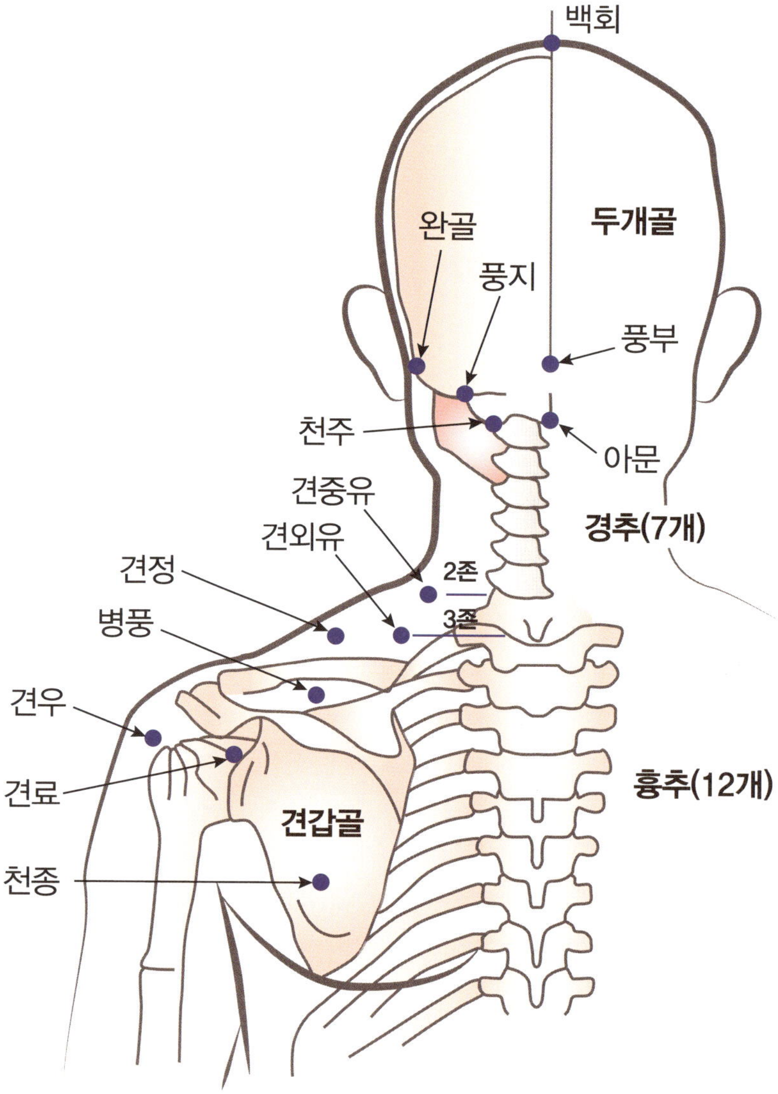

[그림 8-1] 혈점과 골격

2. 두개피 힐링 마사지 실무

1) 힐링 마사지 준비

① 소독제와 브러시, 아로마 블렌딩 오일을 준비한다.
② 브러시와 손을 소독제로 소독한다.
③ 힐링 마사지 전 브러시로 모발을 정리한다.
④ 사용한 브러시는 소독제를 사용하여 소독한다.
⑤ 아로마 블렌딩 오일을 목과 승모근 부분에 충분히 바른다.

2) 힐링 마사지

1. 릴렉스

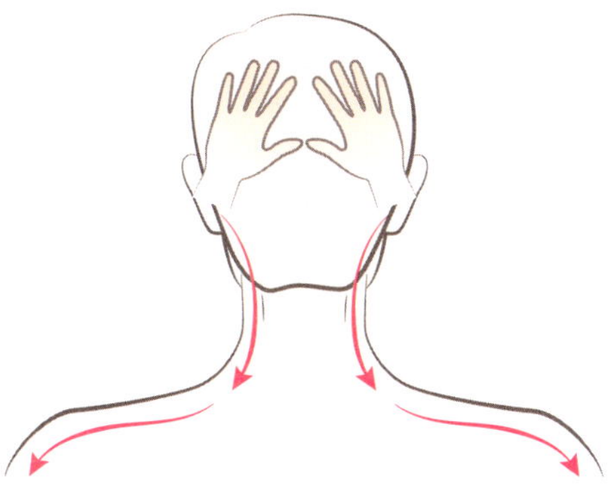

두정부에서 시작해 측두부, 목선의 양쪽에서 시작해서 어깨, 팔까지 가볍게 쓸어내린다.

2. 경추 이완

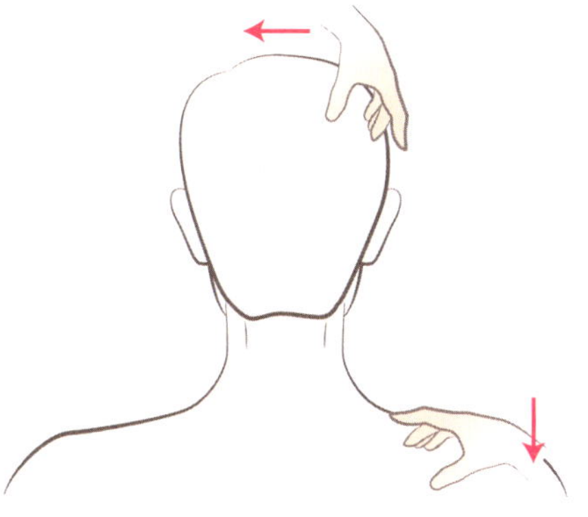

한 손은 오른쪽 머리(왼쪽 머리)에 다른 한 손은 오른쪽 어깨 부분(왼쪽 어깨 부분)을 가볍게 누르며 목 근육을 이완시킨다.

3. 승모근 주무르기

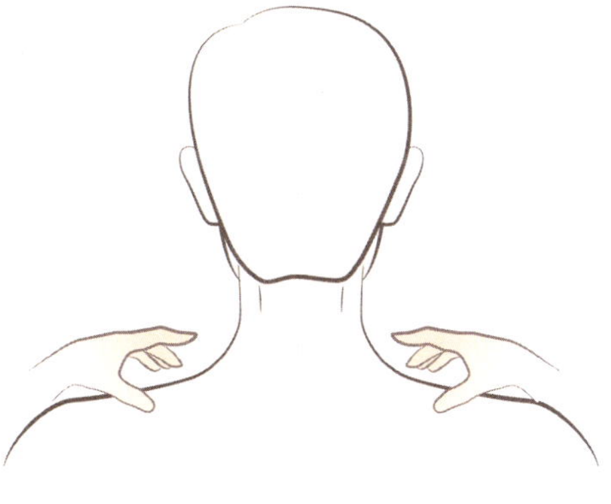

승모근을 엄지와 검지로 주무르며 뭉친 근육을 풀어준다.

4. 엄지손가락으로 누르기

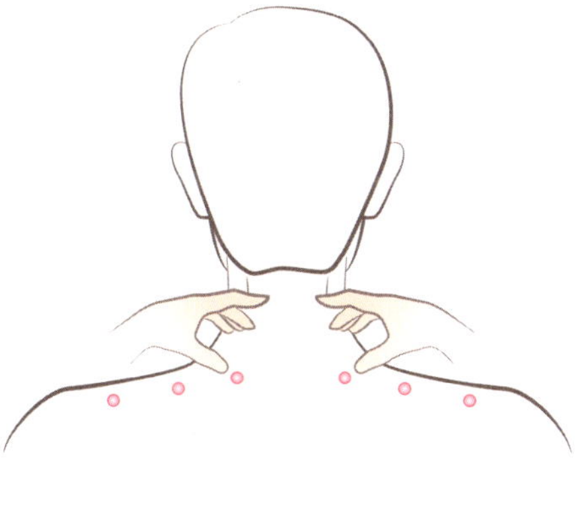

어깨 승모근 3개를 포인트로 나눠 엄지손가락으로 눌러준다.

5. 견갑골 주무르기

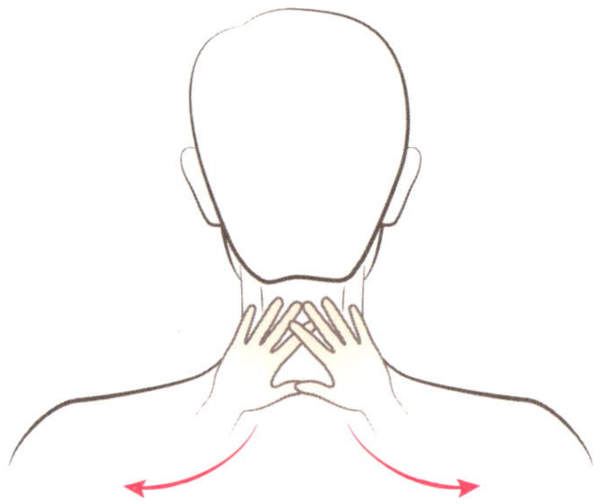

견갑골을 손바닥 또는 손등을 이용하여 쓸어내린다.

6. 엄지로 아문 누르기

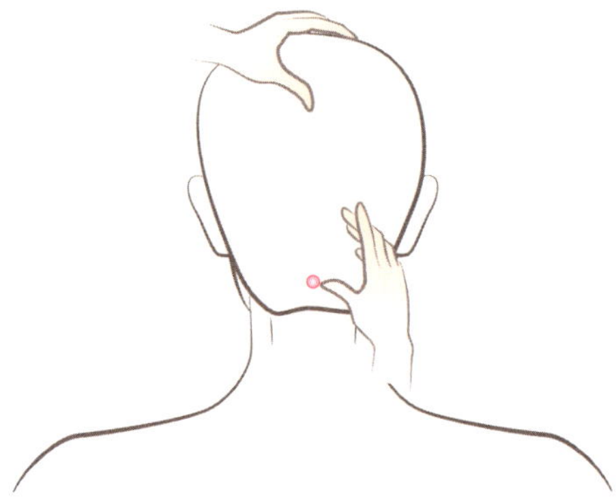

한 손은 이마에 다른 한 손은 아문 풍혈에 놓고 위로 끌어 올린다.

7. 천주 누르기

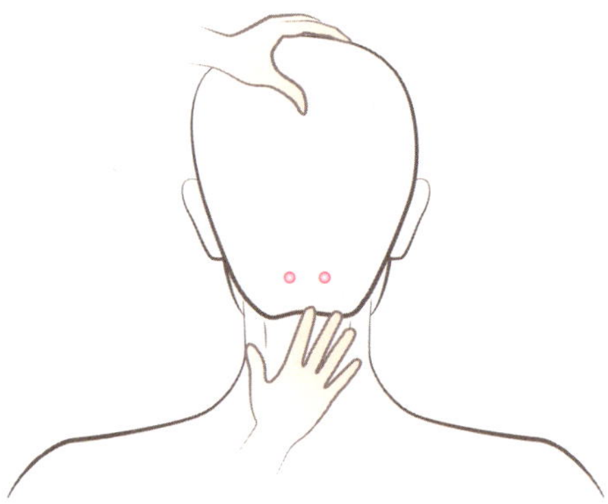

한 손은 이마에 다른 한 손은 천주를 가볍게 누른다.

8. 풍지 누르기

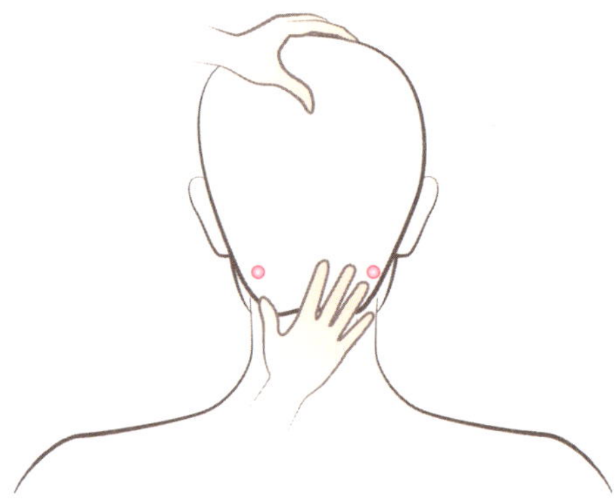

한 손은 이마에 다른 한 손은 풍지를 가볍게 누른다.

9. 목 근육 이완시키기

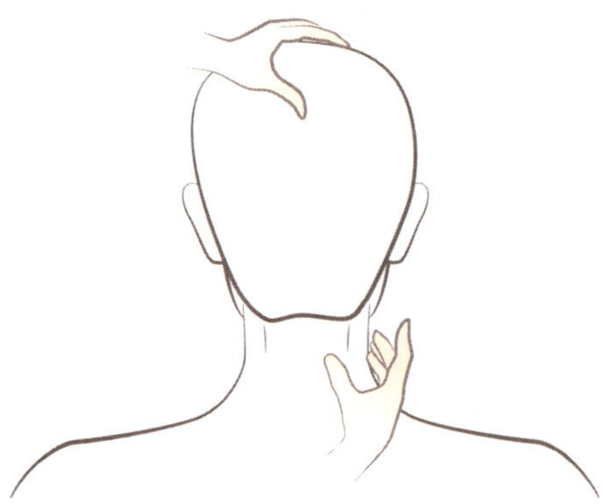

한 손은 이마에 다른 한 손은 오른쪽 목 밑부분을 가볍게 누르며 목 근육을 이완시킨다.

10. 두개골 올리기

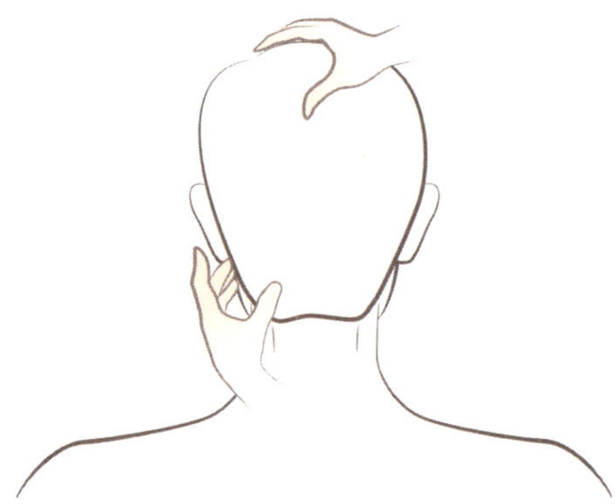

한 손은 이마에 다른 한 손은 두개골을 받히며 위로 올려준다.

11. 두개피 이완하기

손을 벌려 두피를 위아래로 움직여 준다.

12. 신정~백회 누르기

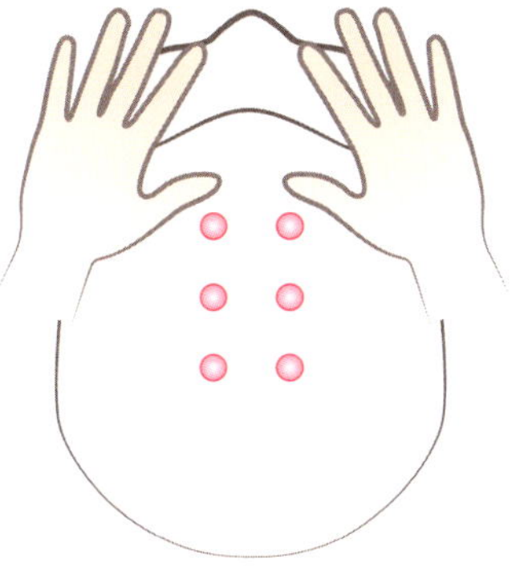

양손으로 신정에서 백회까지 3~4회에 걸쳐 지그시 누른다.

13. 백회 누르기

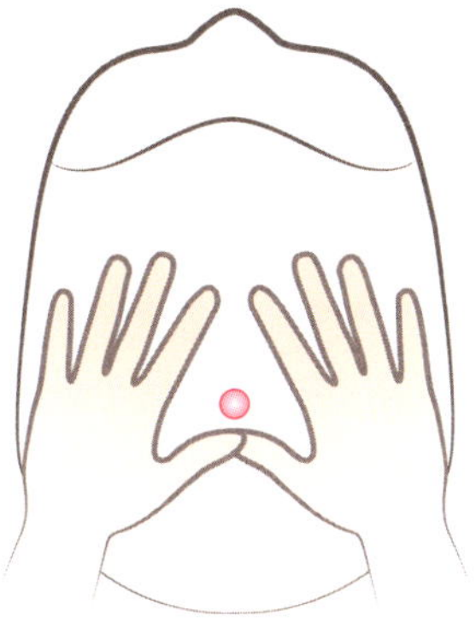

백회를 지그시 누른다.

14. 신정, 두유, 현로 누르기

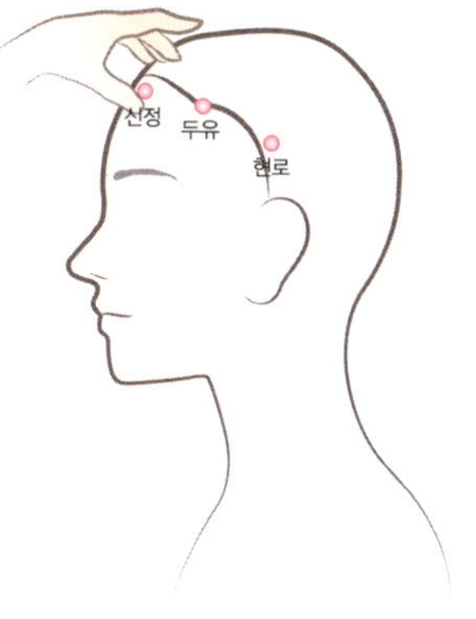

양손으로 신정, 두유, 현로를 지그시 누른다.

15. 관자놀이 마사지

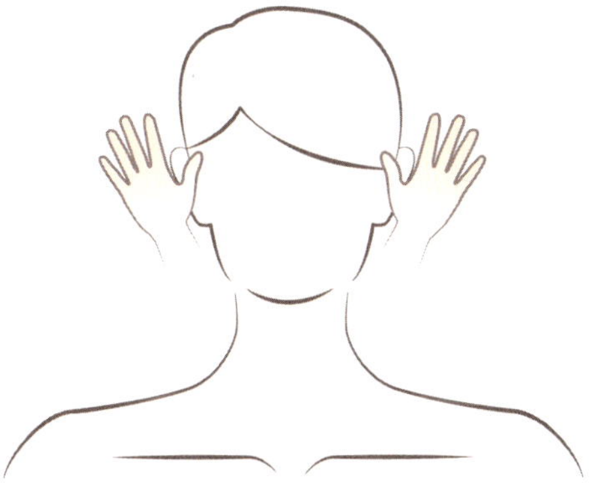

손끝에 기가 모이도록 비벼준 뒤 관자놀이에 올려놓는다.

16. 이문, 청궁, 청회 누르기

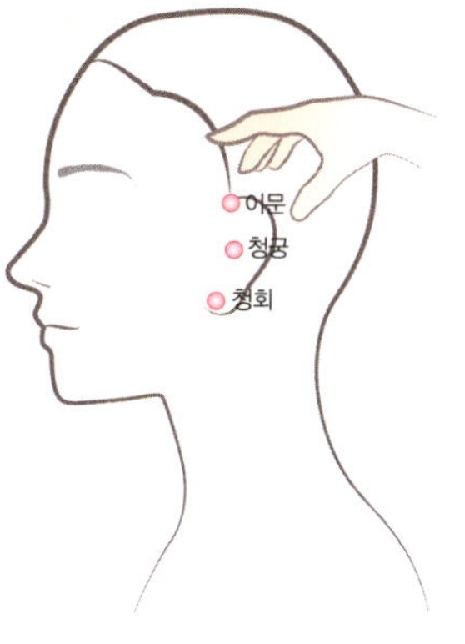

손바닥으로 귀를 가리면서 온기를 준 뒤 이문, 청궁, 청회를 지그시 누른다.

17. 두개피 올려주기

후두부에서 두개골을 두 손으로 감싸듯 잡아 전두부를 향해 올려준다.

18. 모발 당기기

손가락으로 가능한 많은 모발을 움켜잡고 부드럽게 양쪽 그리고 위로 올려준다.

19. 두개피 튕기기

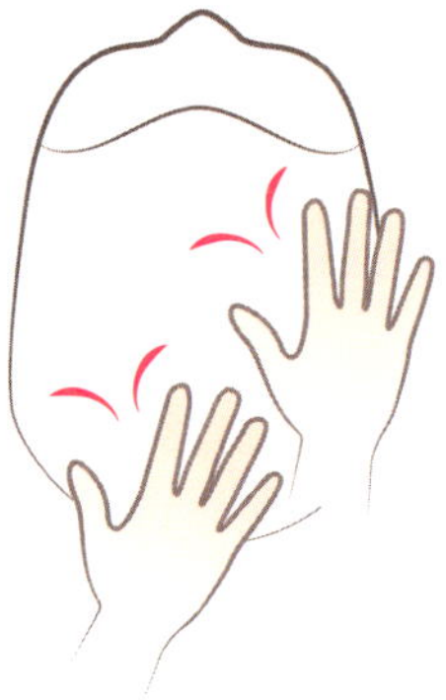

손가락의 쿠션 부위를 이용해서 활기차게 두피를 튕겨준다.

20. 귀 당겨주기

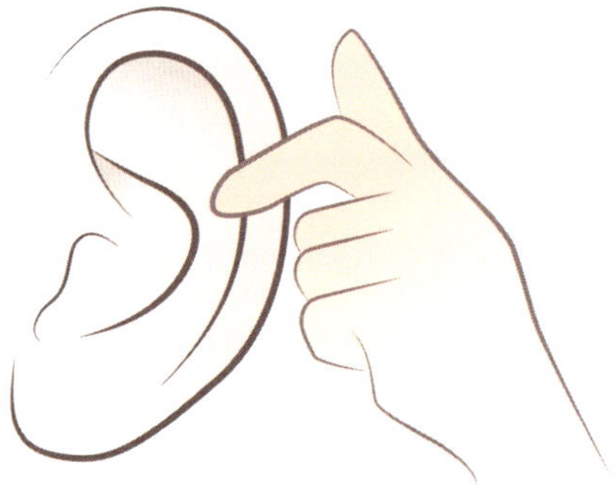

엄지와 검지로 귀를 위, 옆, 아래 방향으로 가볍게 문지르고 당겨준다.

21. 귀 접어주기

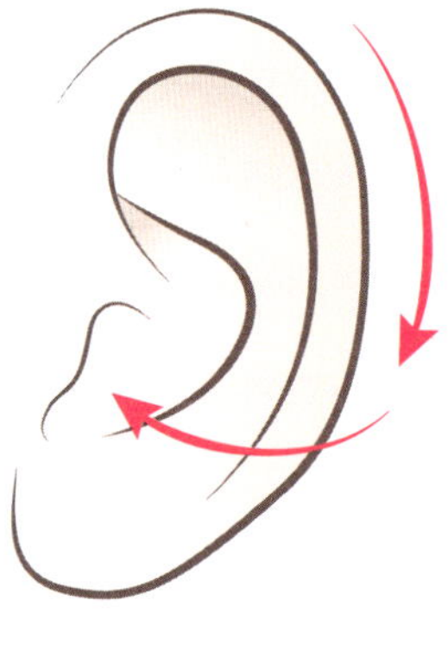

귀를 위에서 아래로 그리고 바깥쪽에서 안쪽으로 접어준다.

22. 어깨 근육 이완하기

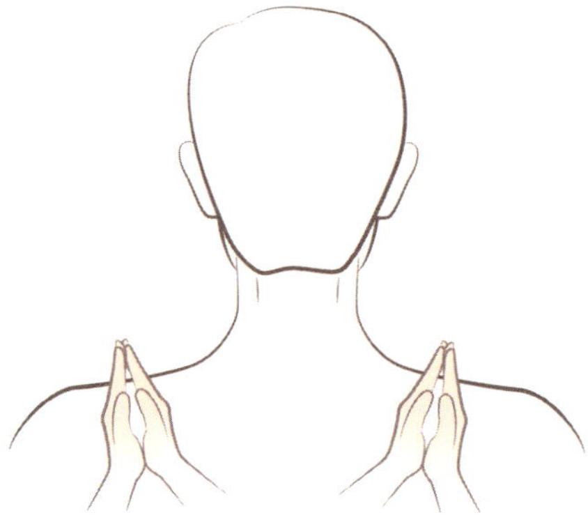

두 손을 합장하여 힘을 뺀 뒤 가볍고 빠르게 어깨 근육을 두드린다.

23. 등 근육 이완하기

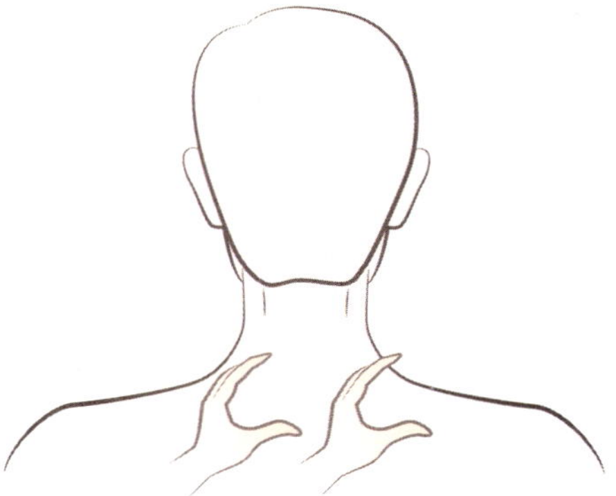

손바닥을 컵 모양으로 만들어 어깨 전체와 등 전체를 두드린다.

24. 어깨 주무르기

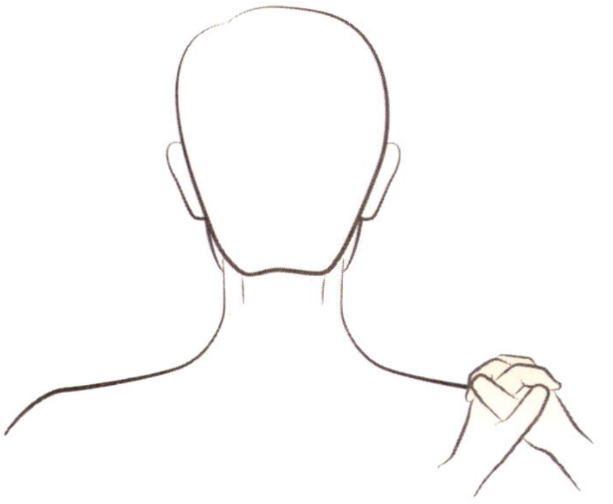

깍지를 낀 양손으로 두 팔을 차례로 주무른다.

25. 마무리 릴렉스

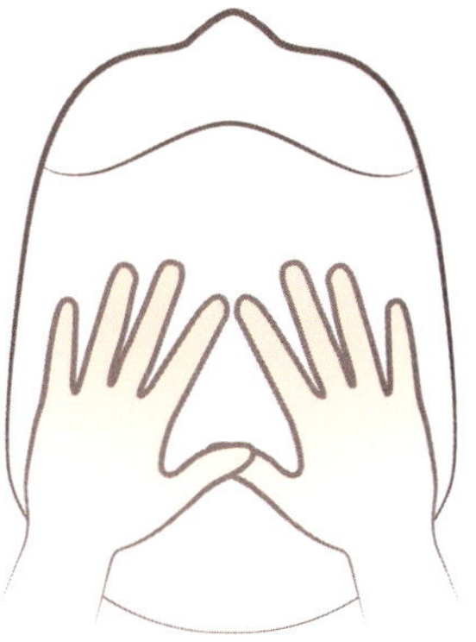

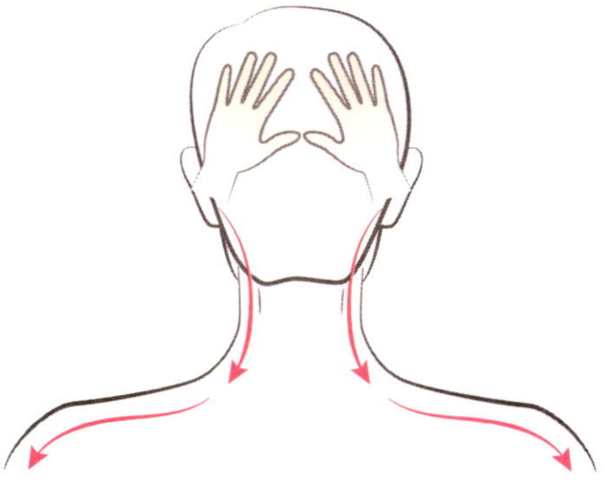

마무리 릴렉스 동작은 두상의 탑에서부터 시작하여 양 사이드 목, 어깨까지 부드럽게 근육을 이완하고, 고객의 두 손을 합장하여 만세 자세로 들어올려 한 손은 고객의 등에 다른 한 손은 고객의 양손을 잡고 이완한다.
* 전체 동작을 2~4회 반복으로 진행하며, 힐링 마사지 시간은 10~15분 이내로 진행을 한다.

실습과제

1. 실습 진행(실습 소요시간 : 30분) : 힐링 마사지 포트폴리오

힐링 마사지 과정별 실습과정을 스크랩하시오.

chapter

09

Trichologist

두개피 스케일링

학 · 습 · 목 · 표

◈ 두개피 스케일링의 이론적 지식을 바탕으로 관리 실무에 적용할 수 있다.

1. 두개피 스케일링

1) 스케일링의 목적

두개피의 상태에 맞는 스케일링을 하기 위해 스케일링 스틱 등을 사용하여 이물질과 노폐물 등을 제거한다. 민감한 부위는 주의해서 작업해야 하고, 스케일링 제품과 고객의 두개피 유형에 따라 스티머를 사용한다.

스케일링 순서는 다음과 같이 진행된다. 블로킹(Blocking)은 측수직선(Ear to ear part)과 정중선(Center part)을 이용하여 4등분을 한다. 오른쪽에서 시작하여 왼쪽 방향으로 진행하고 정중선을 중심으로 가로 1~1.5cm의 섹션을 떠가며 스케일링한다.

2) 브러싱의 목적

브러싱은 두개피의 혈행을 자극해 모근을 튼튼하게 해주고 피지선의 분비를 원활하게 해준다. 또한 두개피부와 모발에 부착된 이물질 등을 제거하고 헝클어진 모발을 풀어주는 역할을 한다.

건조한 모발보다 젖은 모발을 브러싱할 때 탄성이 증가하기 때문에 브러싱할 때 강한 물리적 자극은 모발에 손상을 높일 수 있어 주의하도록 한다.

3) 브러싱의 자세

① 모발 끝부분부터 빗질하여 모근 쪽으로 올라간다.
② 브러싱할 때 방향감, 리듬감을 주어 빗질한다.
③ 브러싱 시 걸릴 수 있는 액세서리는 별도로 개별 보관한다.
④ 작업자와 고객의 거리는 20~30cm 거리를 유지하며 두상의 위치는 작업자의 가슴 높이에 오도록 하여 안정적인 자세를 취한다.

2. 두개피 스케일링 실무

1) 스케일링 스틱 준비하기

1~2	먼저 시술자의 손을 소독한 후 솜에 분무하여 적신 후 솜을 반으로 결 방향에 따라 나눈다.
3~4	손바닥에 솜을 올려놓고 스틱을 안쪽으로 넣어 단단하게 말아준다.
5~6	엄지손가락으로 솜의 끝을 펴가면서 끝까지 쥐고 스틱을 돌려준다.

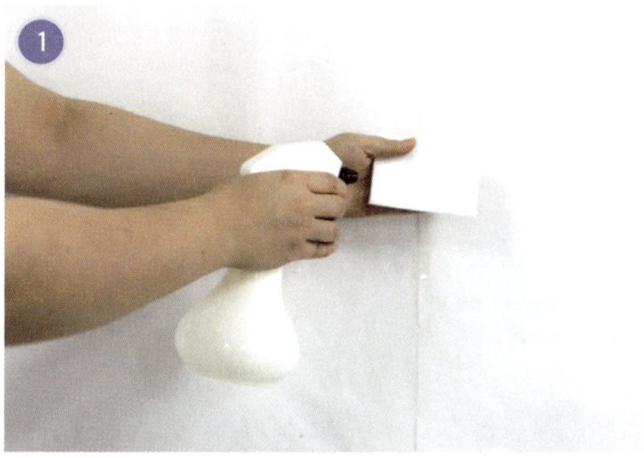

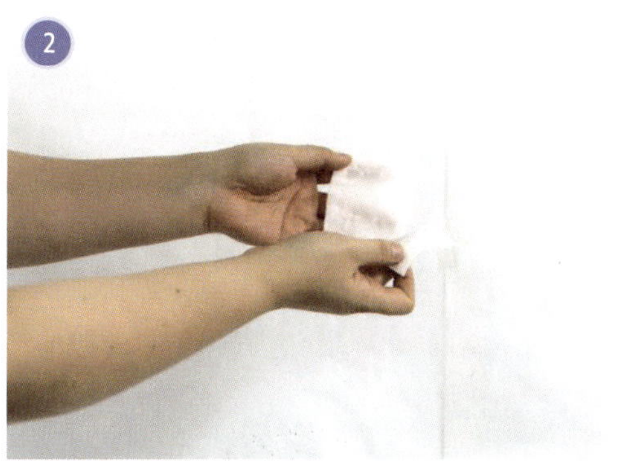

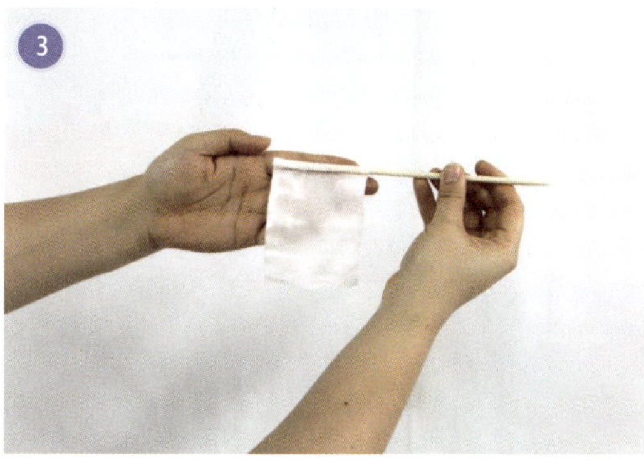

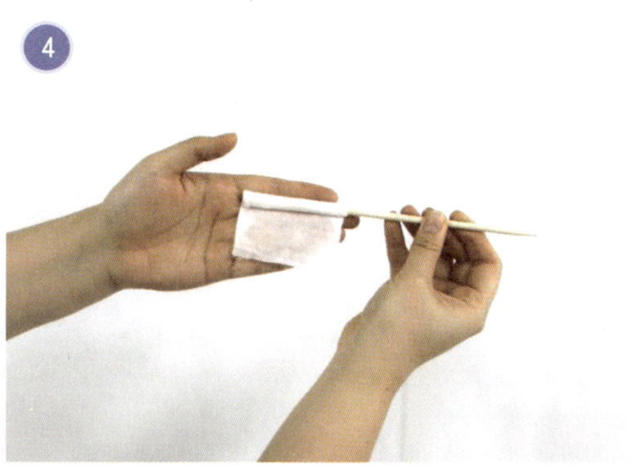

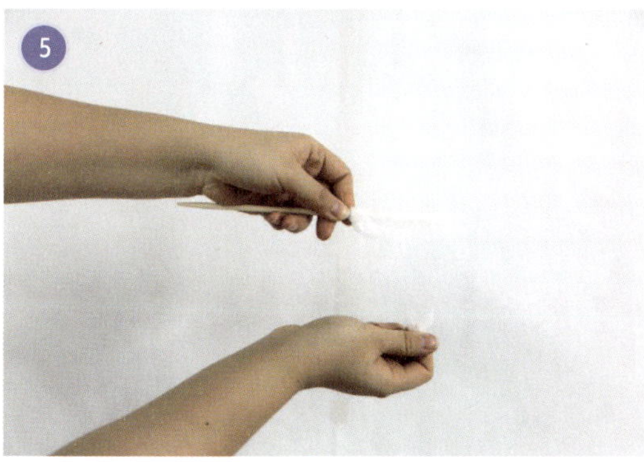

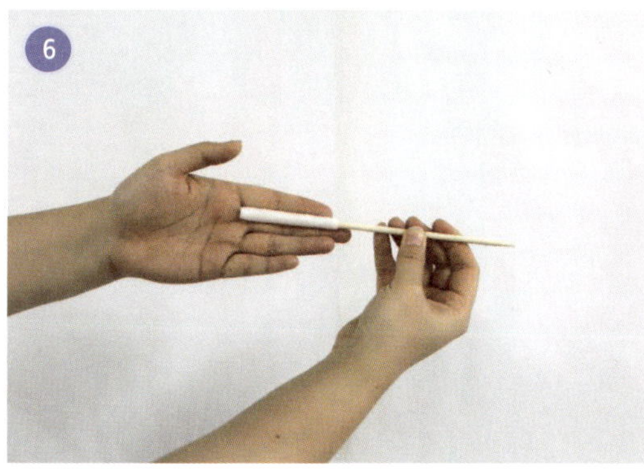

2) 스케일링 준비하기

1	스틱은 오른손의 엄지, 검지, 중지, 약지를 사용하여 가볍게 쥐고, 소지 위에 스틱을 올려 고정시킨다.
2	스케일링 볼 또는 시험관에 스케일링제를 적당량 덜어준다.

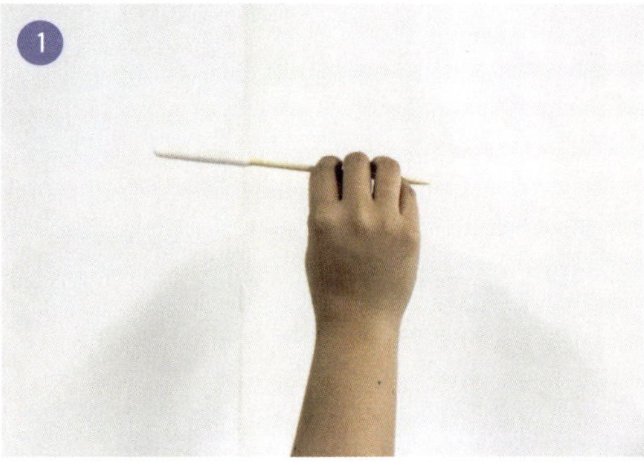

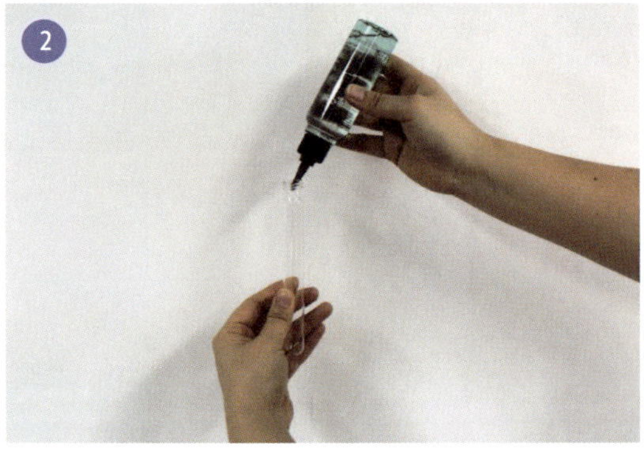

3~4	모델 준비는 귀걸이, 목걸이, 헤어밴드 등 악세사리를 착용하지 않고 어깨에 흰 수건을 두른다.

5~7 정수리 방향으로 브러싱을 하여 모발을 정리한다.

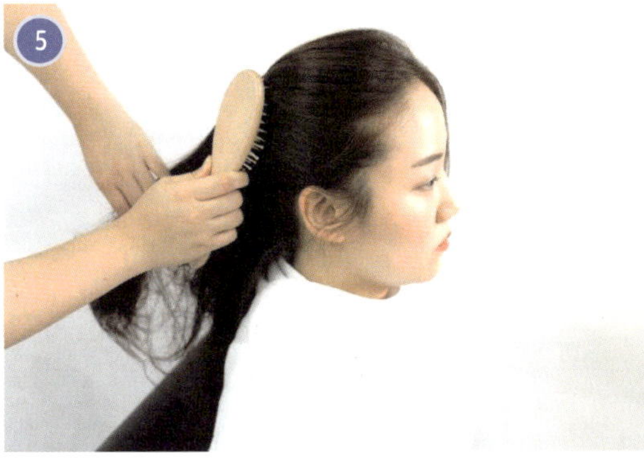

8~10 프론트와 양 사이드를 백회(골덴 포인트, G.P) 방향으로 빗질을 자연스럽게 해준다.

11~13 네이프도 백회(골덴 포인트, G.P) 방향으로 업 셰이핑 해준다.

* 전체 과정을 3회 정도 반복한다.

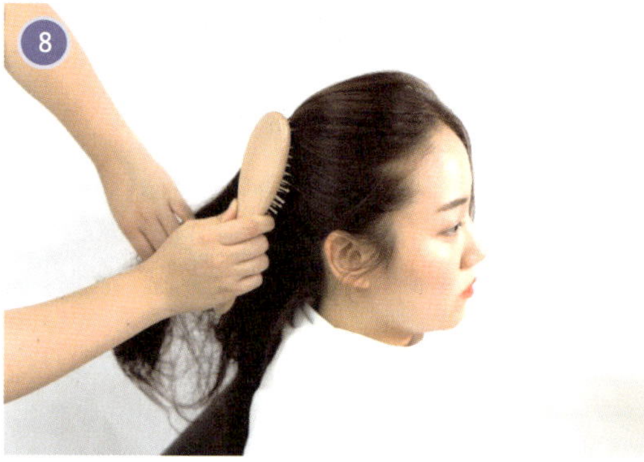

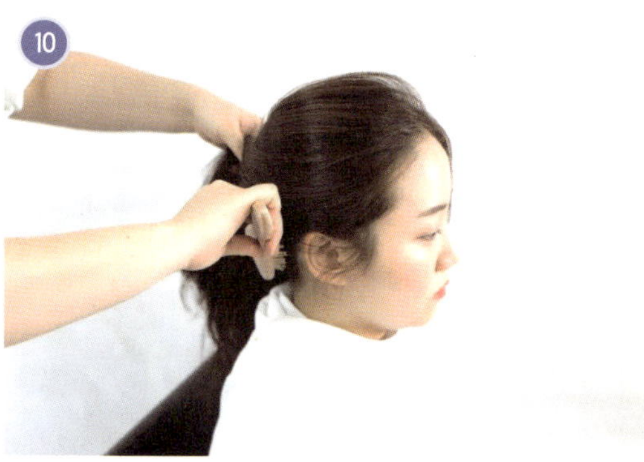

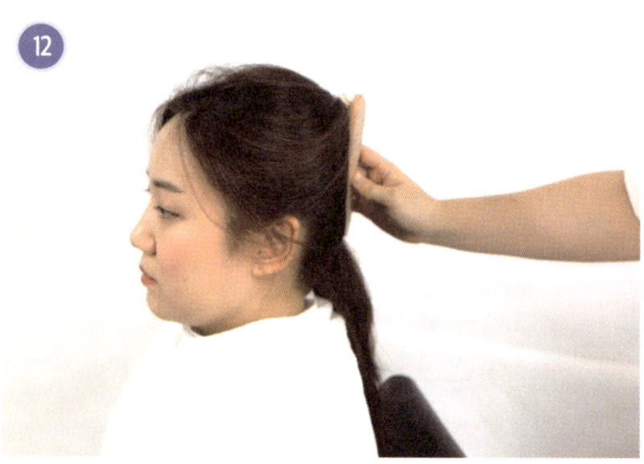

14~17	센터파트(Center Part), 이어 투 이어 파트(Ear to Ear Part)로 블로킹한다.
18	스케일링 스틱과 스케일링제의 홀더를 사용하여 스케일링한다.

14

15

16

17

18

3) 스케일링 작업하기

1~2	오른쪽 사이드 부분에 스틱을 사용하여 스케일링제를 도포한다.
3~4	1cm 슬라이스를 뜨고 스케일링제를 꼼꼼히 도포한다.
5	스케일링제를 안쪽에 도포 후 페이스 라인에도 도포한다.

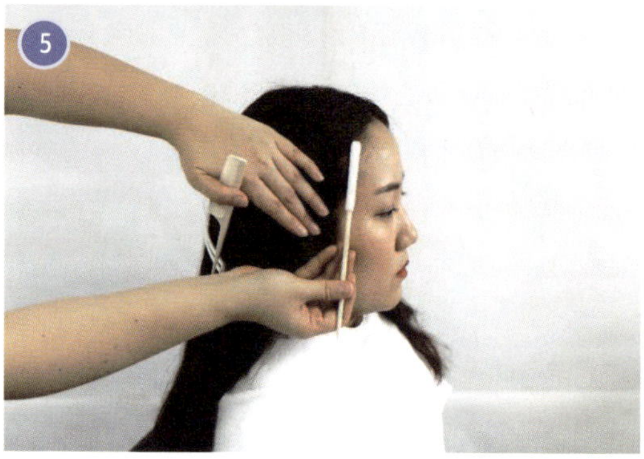

6~8 오른쪽 백사이드도 수평으로 1cm 정도의 슬라이스를 뜨고 동일한 방법으로 진행한다.

9~11 네이프까지 같은 방법으로 시술하고 네이프 라인도 적용한다.

* 왼쪽 백사이드도 같은 방법으로 도포한다.

6

7

8

9

10

11

4) 스케일링 마무리하기

1~4 왼쪽 사이드도 수평으로 도포한 후 페이스 라인에 나머지 스케일링제를 발라 마무리한다.

실습과제

1. **실습 진행**(실습 소요시간 : 30분) : 두개피 스케일링 포트폴리오

스케일링 과정별 실습 과정을 스크랩하시오

chapter

10

Trichologist

두개피 샴푸

학 · 습 · 목 · 표

◈ 두개피 샴푸의 이론적 지식을 바탕으로 관리 실무에 적용할 수 있다.

1. 샴푸와 컨디셔닝

두개피 관리 전용 샴푸들은 약산성으로 두개피에 보습과 영양을 주며, 건강한 두개피를 유지될 수 있도록 도와준다. 샴푸제와 컨디셔닝제는 두피의 상태 및 모발의 손상 정도와 서비스 품목에 따라 선택해야 하며, 두피와 모발 관리를 하지 못하였을 때 모발에 나타나는 문제점 등을 설명하여 두피와 모발 관리의 필요성에 관하여 인식시켜야 할 것이다.

1) 샴푸의 목적과 기능

(1) 샴푸의 목적

모발과 두개피의 세정을 의미하는 샴푸는 샴푸제와 매니플레이션을 통하여 두개피와 모발 내 오염물과 이물질을 제거함과 동시에 두개피의 혈액순환과 함께 두발의 성장을 촉진시킨다.

① 샴푸제(Shampoo agent)의 기능

비누나 세정제 등과 함께 계면활성제에 속한다. 계면활성제는 습윤, 침투, 유화, 분산, 재부착방지, 가용화, 기포 등의 합성작용으로 오염물질의 제거를 목적으로 한다.

[표 10-1] 샴푸 매니플레이션 기법

종류	방법
문지르기	손가락의 표면을 이용해 두개피부를 압을 주며 문지르는 동작이다.
지그재그	두상을 따라 손가락을 지그재그로 움직여 문지르는 동작이다.
양손교차하기	양 손가락 사이로 양손을 교차시켜 비벼주는 동작이다.
나선형	손가락이나 손을 둥글게 쥐어 둥글리며 마사지하는 동작이다.
튕겨주기	손가락으로 두개피부를 잡아 가볍게 튕겨주는 동작이다.

② **계면활성제**(Surfactant)

계면활성제는 묽은 용액 속에서 계면에 흡착하여 표면 장력을 감소시키는 물질로, 보통 1분자 속에 친유기와 친수기가 함께 들어 있는 양쪽 친매성인 물질은 계면활성제가 될 수 있으며, 표면활성제라고도 한다.

[표 10-2] 이온에 따른 계면활성제의 구분

종류	방법
음이온 계면활성제	세척제, 기포제, 침투제, 습윤제 등에 사용한다.
양이온 계면활성제	살균제, 소독제, 직물 가공제, 분산제 등에 사용한다.
양극이온 계면활성제	살균제, 샴푸제, 섬유 처리제 등에 사용한다.
비이온 계면활성제	세제, 식품, 화장품, 약, 샴푸, 치약 등에 사용한다.

③ 사용성분에 의한 계면활성제의 구분

[표 10-3] 성분에 따른 계면활성제의 구분

종류	방법
동물성 계면활성제	• 세탁비누와 화장비누의 주성분으로 사용한다. • 소기름, 돼지기름, 양기름, 생선기름
식물성 계면활성제	• 화장비누와 천연비누 등 주성분으로 사용한다. • 야자유, 팜유, 올리브유, 카놀라유, 아마인유, 호호바유 등
천연 계면활성제	• 생분해가 잘 되고 환경오염의 염려가 없는 친환경적인 물질을 사용한다. • 코코베타인, 레시틴, 솔빌라이저, 유카시데게라, 알킬폴리글루코사이드 등
합성 계면활성제	• 석유를 원료로 하여 만든 계면활성제를 사용한다. • 세탁세제, 주방용세제, 샴푸, 치약, 보디클렌저 등

2) 컨디셔닝제의 정의

주성분의 함유 정도와 농도에 따라 린스, 컨디셔너, 트리트먼트로 구분되며, 컨디셔닝제는 모발의 손상도에 따라 선택해 사용한다.

[표 10-4] 컨디셔닝 매니플레이션 기법

구분	시술방법	
경찰법	압력을 사용하지 않는 동작으로 손바닥, 네 손가락, 엄지 등을 이용하여 연속적인 동작으로 가볍게 문지르는 마사지 기법이다.	
강찰법	혈액 순환 촉진 및 노폐물 제거를 위하여 피부를 강하게 누르면서 진행하는 마사지 기법이다.	
유연법	근육이 많은 부분에 양 손바닥이나 손가락으로 근육을 잡고, 집어 주물러서 근육을 풀어 주는 마사지 기법이다.	
진동법	경련과 마비에 효과적으로 기능을 전달하기 위하여 손이나 바이브레이터를 사용하는 마사지 방법이다.	
고타법	탭핑	손가락 바닥을 이용하여 두드리는 방법이다.
	스랩핑	손바닥으로 두드리는 방법이다.
	컵핑	손바닥을 컵 모양으로 만들어 두드리는 방법이다.
	핵킹	손등으로 두드리는 방법이다.
	비팅	주먹을 살짝 쥔 후 두드리는 방법이다.

① 린스제의 역할

린스(Rinse)는 헹군다는 의미로 샴푸 후 모발에 부드러움과 정전기를 방지하고, 모발 표면 상태를 정돈하는 목적으로 사용한다.

② 컨디셔너제의 역할

모발에 대한 보완 기능을 가지며, 손상된 모발의 표면에 코팅막을 형성시켜 부드러움과 윤기를 더하고 모발을 건강한 상태로 회복 또는 유지한다.

③ 트리트먼트의 역할

트리트먼트제는 모발 등전대가를 유지해 모발을 보호하고 손상되지 않도록 하며, 손상된 모표피에 단백질 성분의 흡착성을 이용함으로써 손상을 최저로 방지한다.

3) 두개피 유형별 샴푸제

① 유전형 탈모 두개피용

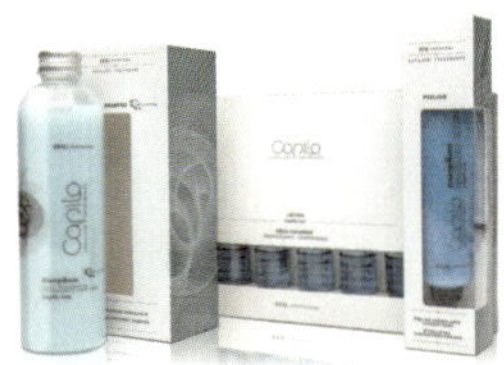

② 민감성 두개피용

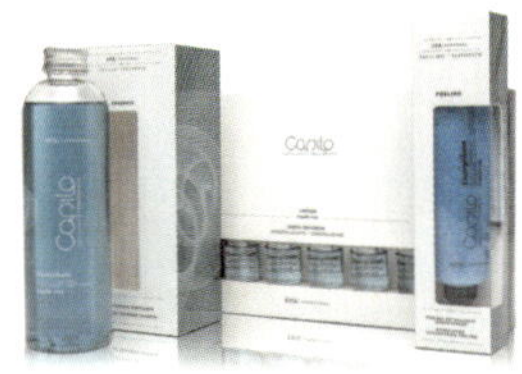

③ 지루성 탈모 두개피용

④ 지루성 비듬 두개피용

⑤ 건성 비듬 두개피용

⑥ 지성 비듬 두개피용

⑦ 지루성 두개피용

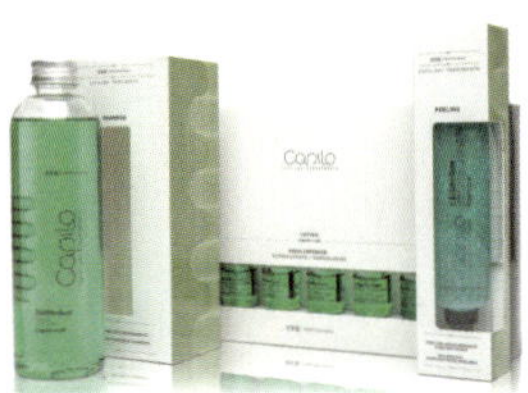

⑧ 건조모와 지루성 두개피용

[그림 10-1] 두피전용 스케일링제, 샴푸, 앰플

2. 두개피 샴푸 실무

1) 샴푸 작업하기

1~2	고객의 어깨와 무릎에 타월을 두르고, 목 부분과 페이스 라인을 손으로 가볍게 받친 후 샴푸 볼에 모델을 눕도록 한다.
3	흰 타월로 삼각형을 접어 눈을 가려준다.

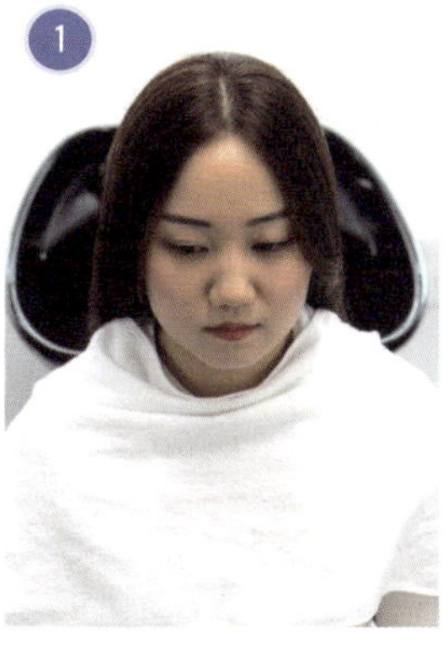

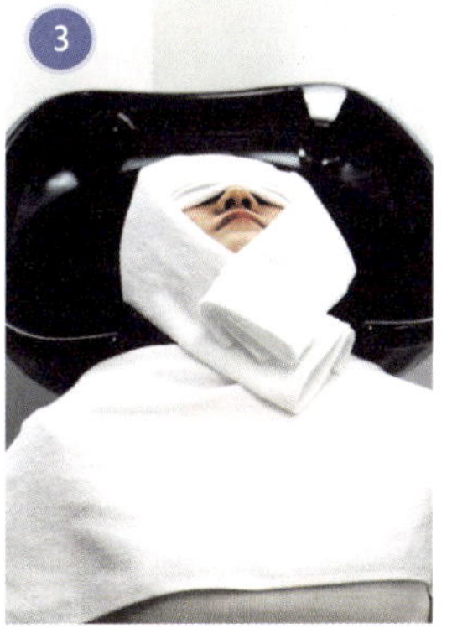

4~5	오른손으로 샤워기를 쥐고 물 온도(38~40℃)를 손목 안쪽에 묻혀 체크한 후 모발의 발제선에 왼손을 대고 물을 전체 모발에 충분히 적셔 준다.
6~7	양쪽 귀 윗부분은 손을 받쳐 귀 안쪽으로 물이 흐르지 않도록 주의한다.

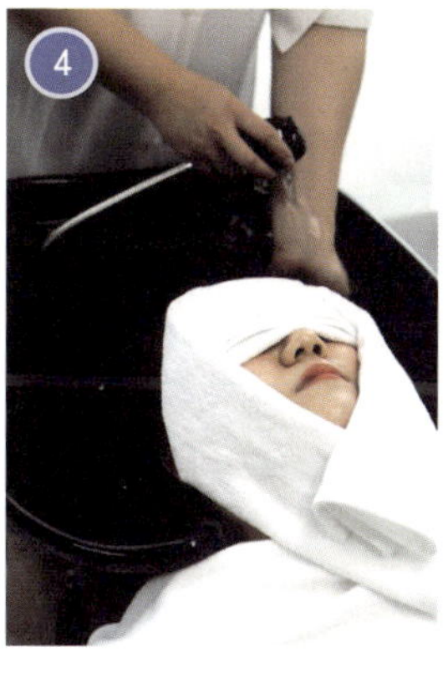
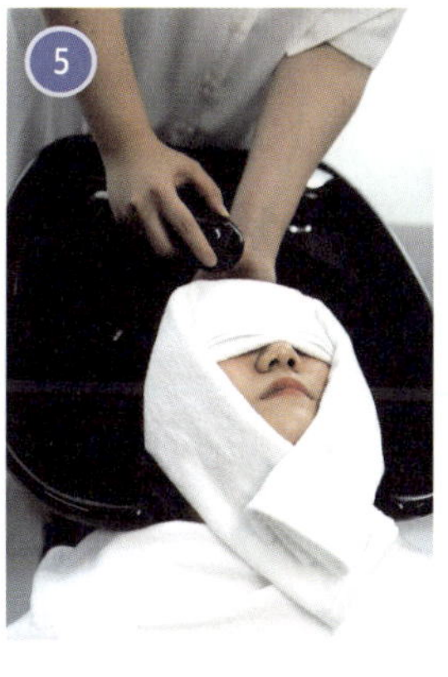
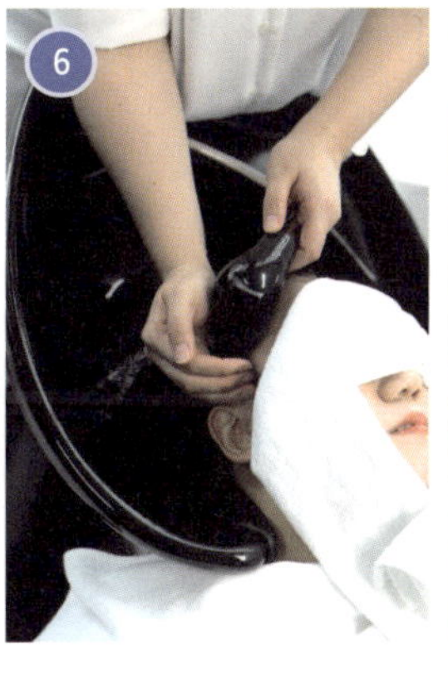
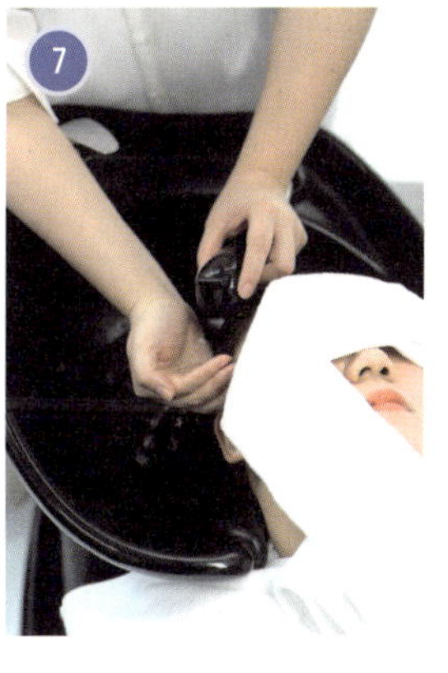

8~9	두피와 모발에 샴푸제(약 5mL 정도)를 손바닥에 놓고 거품을 낸 뒤 페이스 라인과 크라운 부분, 사이드와 후두부로 골고루 도포한다.
10	거품이 충분히 만들어지면 톱 부분에 엄지손가락을 이용하여 두피 부분을 지그재그로 가볍게 문지른다(경찰법).
11	탑 부분의 테크닉을 이어서 사이드 부분을 네 손가락으로 지그재그로 가볍게 문지른다(경찰법).

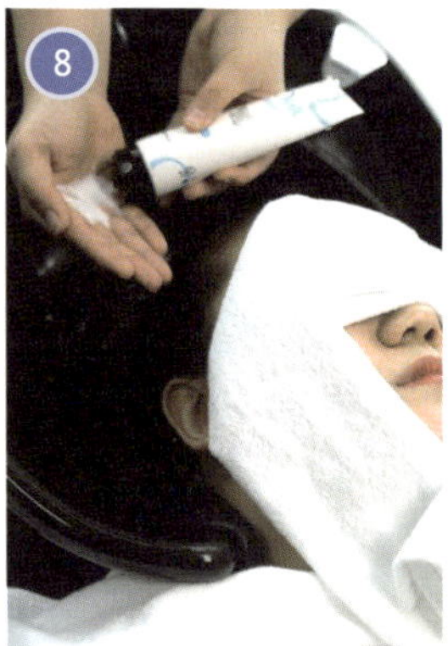

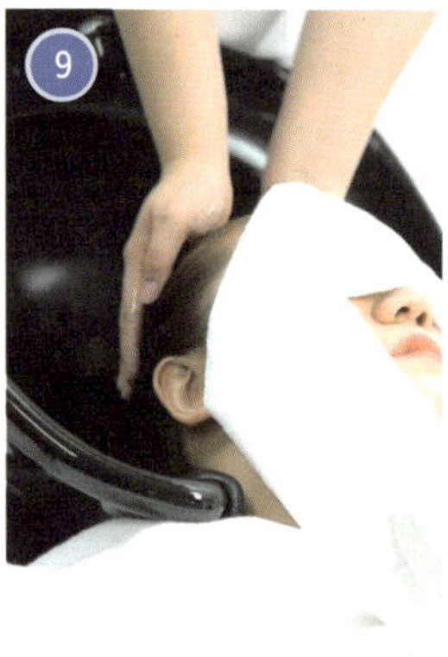

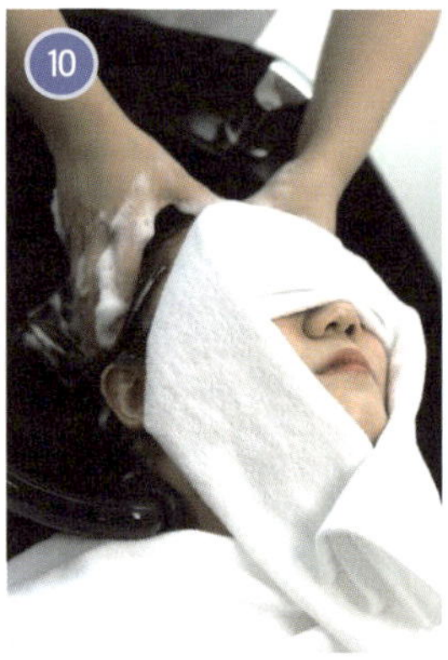

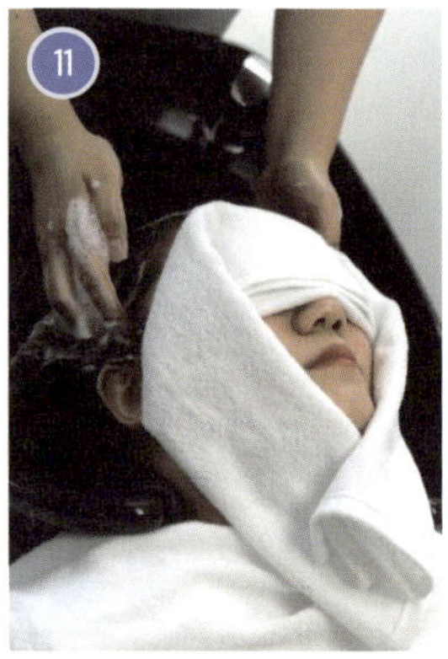

12~13	사이드 부분의 테크닉을 이어서 네이프~백 부분을 한 손으로 받치고 다른 한 손으로 지그재그로 가볍게 문지른다(경찰법, 강철법, 유연법을 사용하여 진행).
14~15	네이프~백 부분의 테크닉을 이어서 골덴 부분을 양손으로 교차하여 지그재그로 가볍게 문지른다(2회 정도 반복해준다).

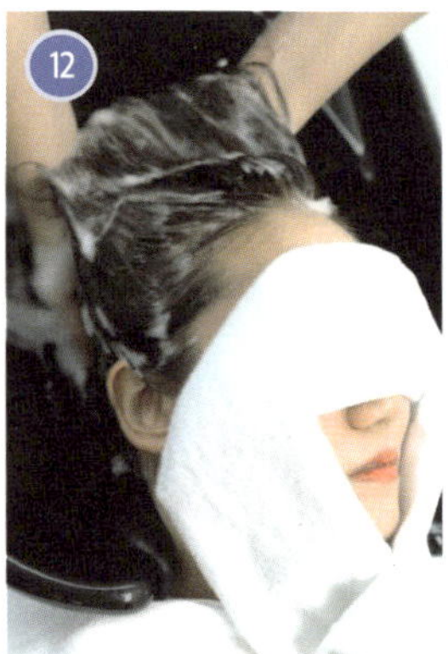

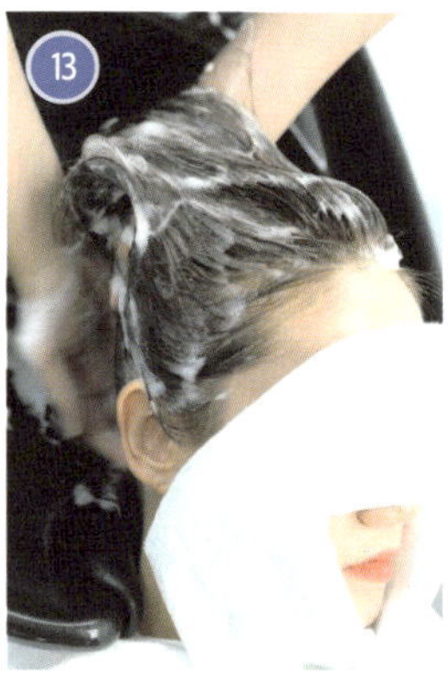

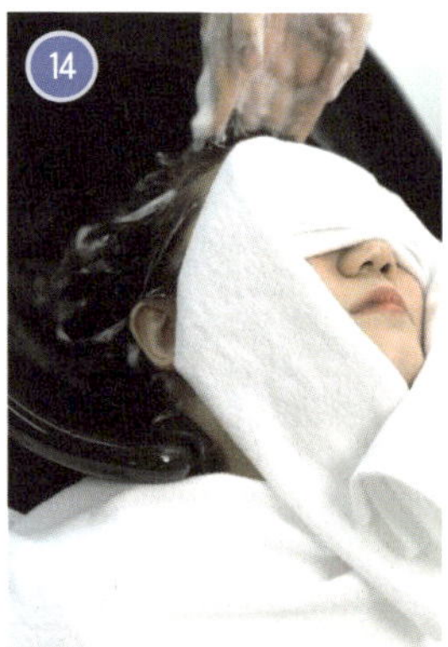

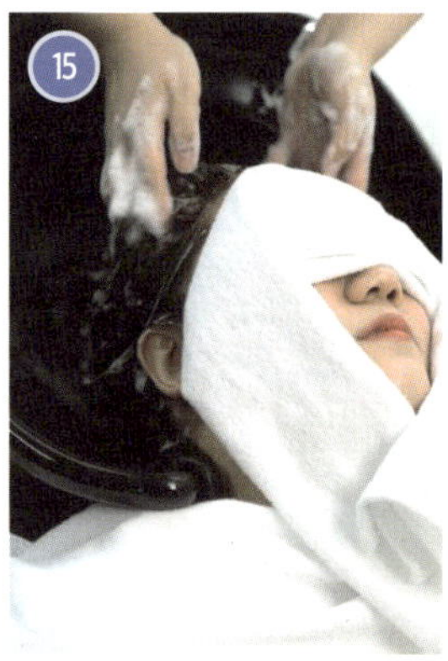

16~18 모발을 가볍게 쓸어주면서 거품을 정리해준다.

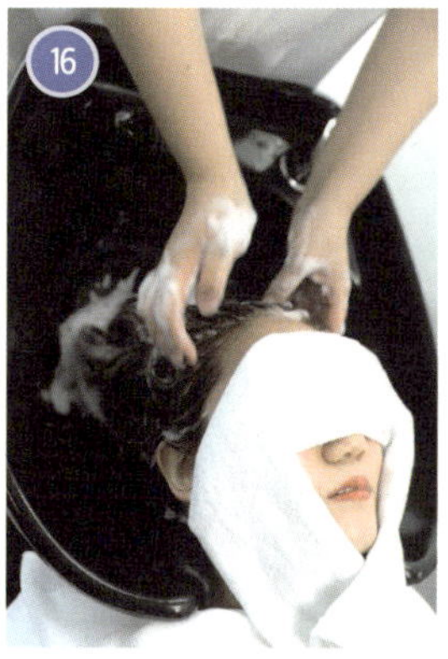

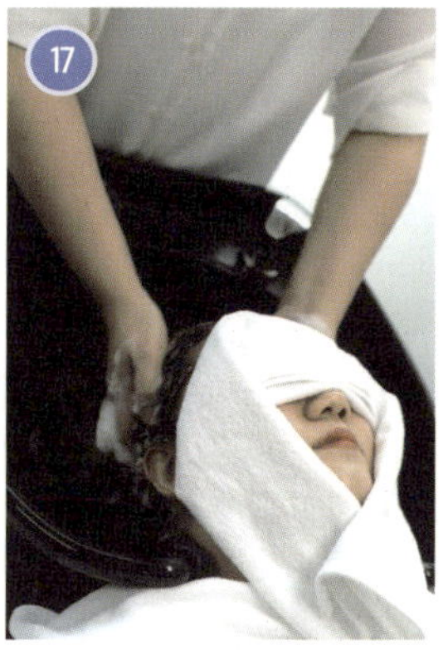

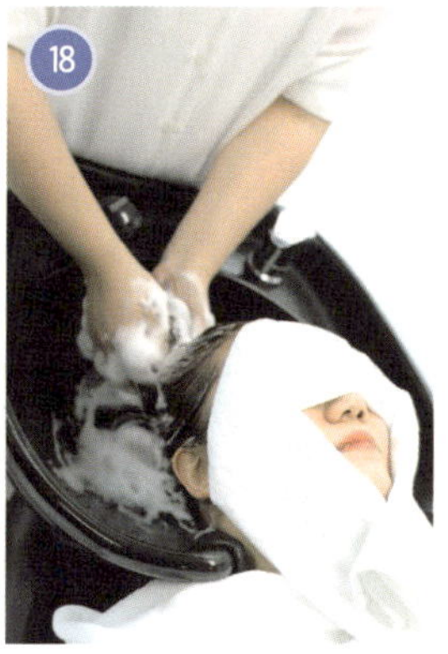

19~22 양손 손가락으로 페이스 라인을 지그시 누르며 문질러주며 마무리한다(강찰법, 고타법을 사용하여 진행).

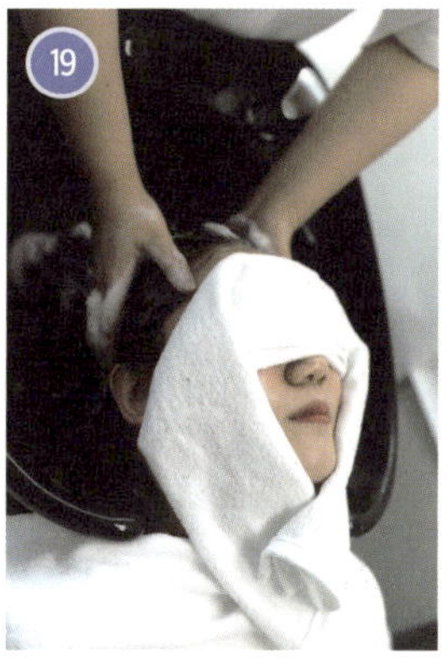

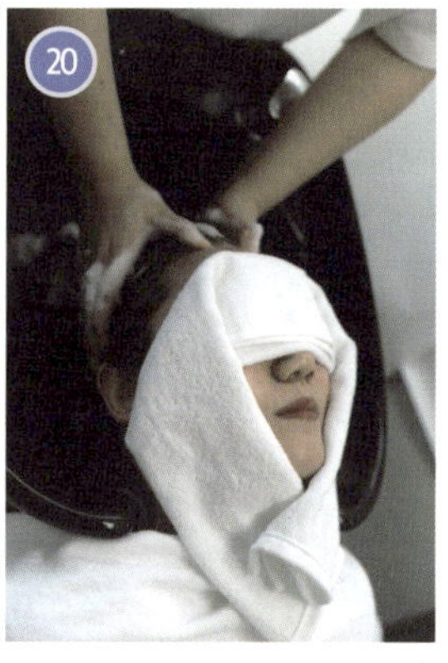

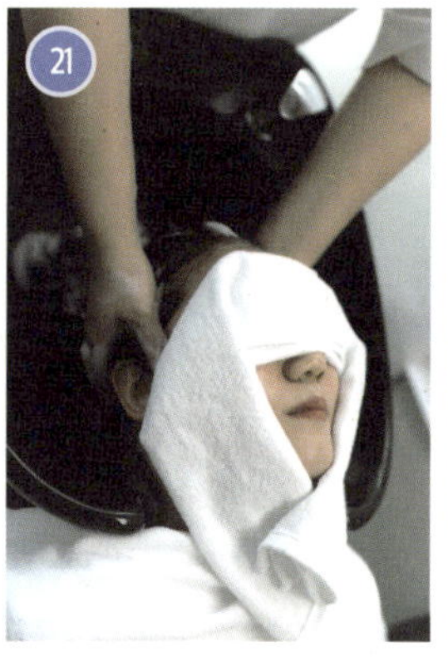

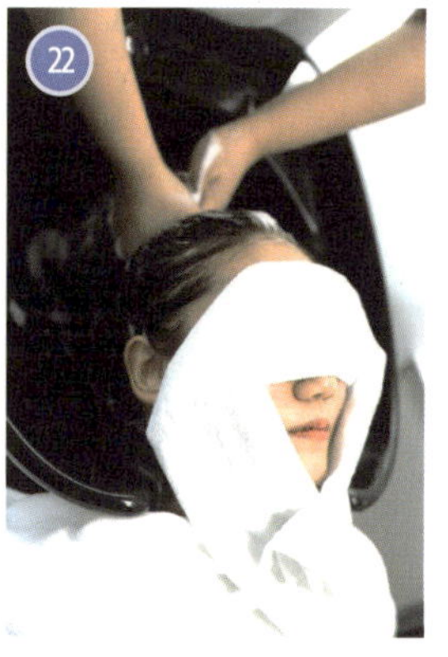

23~26 시술자의 손에 묻은 거품을 먼저 씻어내고 모델의 이마와 양사이드의 발제선에서 시작하여 후두부까지 손으로 받쳐가며 깨끗이 거품을 씻어준다.

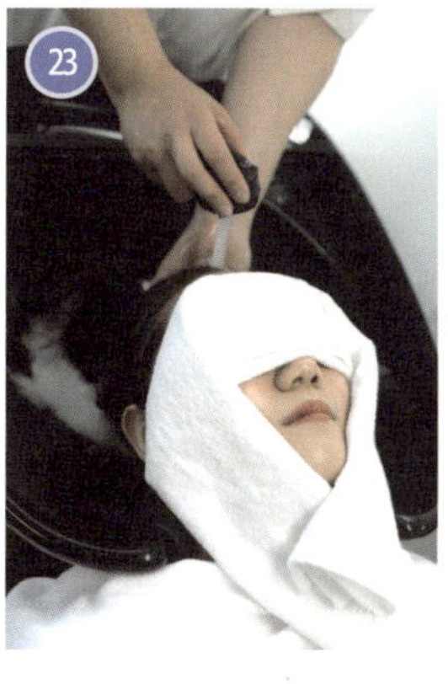

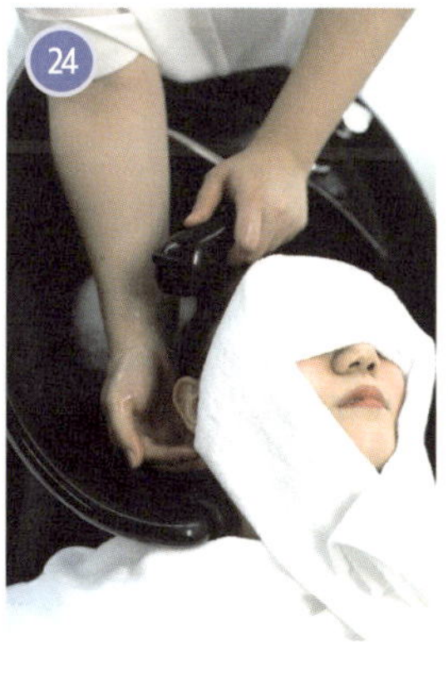

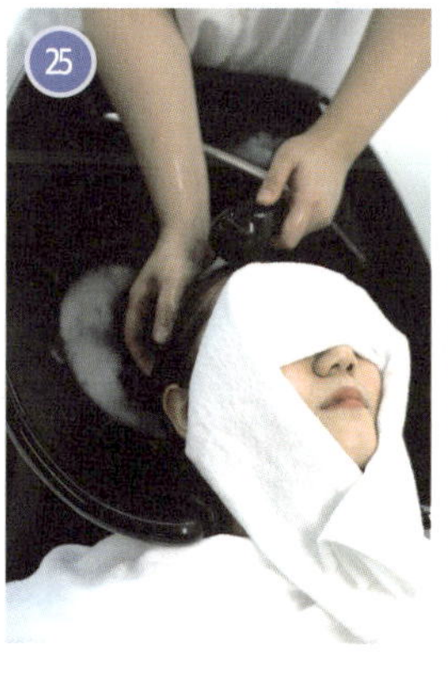

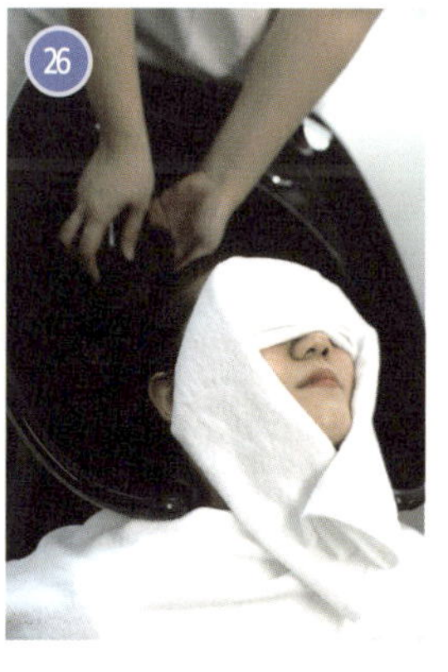

2) 린스 작업하기

1~4 깨끗이 씻어낸 후 린스를 약 5mL 정도 모발에 골고루 도포한다.

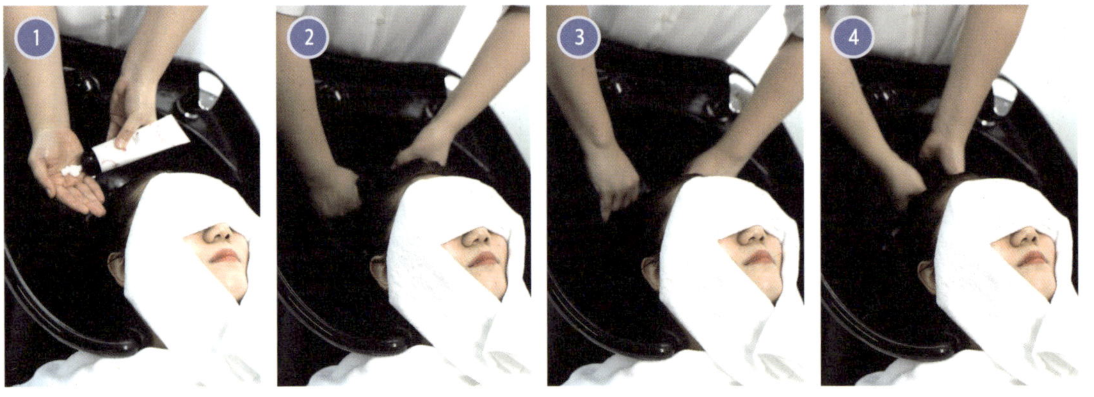

5~8 손가락을 이용하여 두상 전체를 둥글게 롤링하여 경혈점을 누르고 마무리 동작은 두개피를 가볍게 튕겨준다.

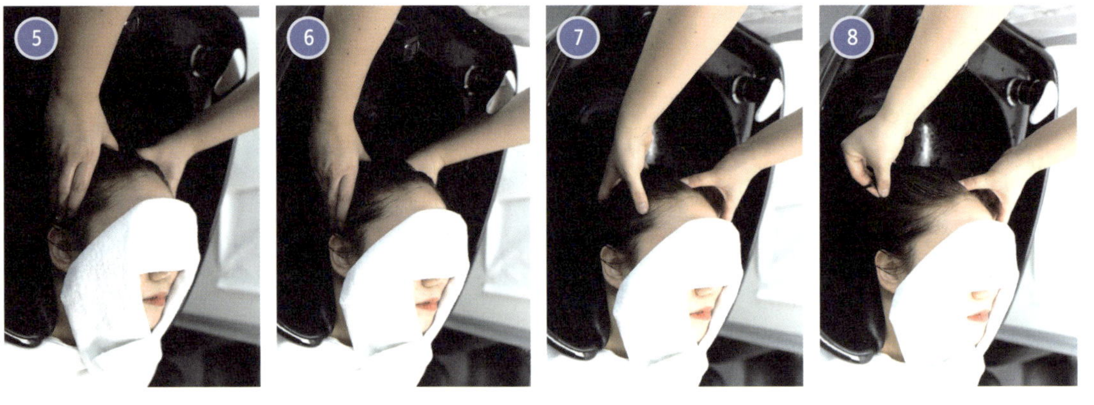

9~12	물이 튀지 않도록 주의하면서 골고루 헹군다. 특히 발제선과 목선에 이물질이 남지 않도록 손바닥에 물을 받아서 깔끔히 닦아내고 모발을 훑어 내리면서 마무리한다.

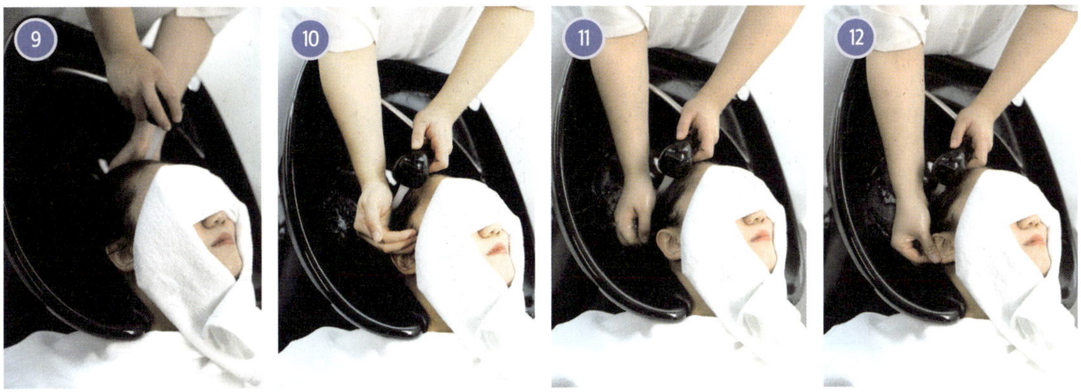

3) 마무리하기

1~2	타월을 이용하여 모발의 페이스 라인을 먼저 닦아내어 물기를 제거한다.
3~4	귀와 귀 뒷부분과 모발의 물기도 제거한다.

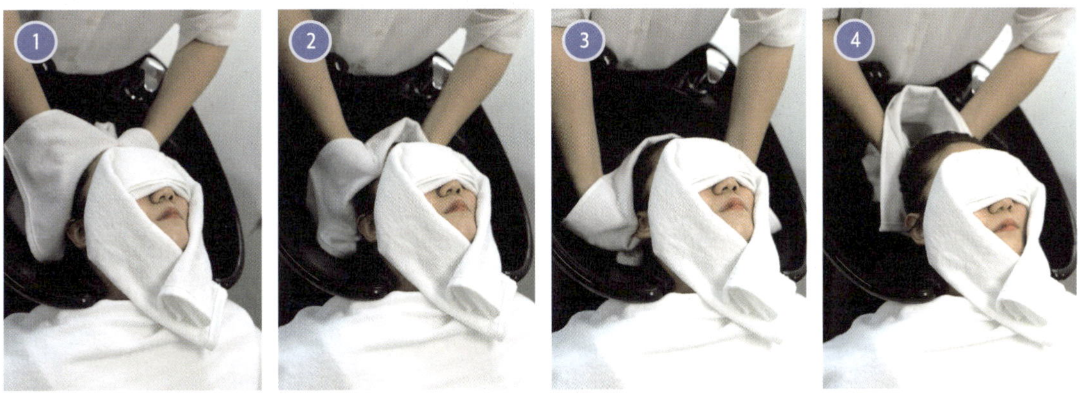

5~6 고객의 목 부분을 가볍게 들고 새 타월을 목 부분에 받쳐준다.

7~8 타월로 헤어라인을 따라 왼쪽의 타월을 먼저 올리고 오른쪽을 위에 얹는다.

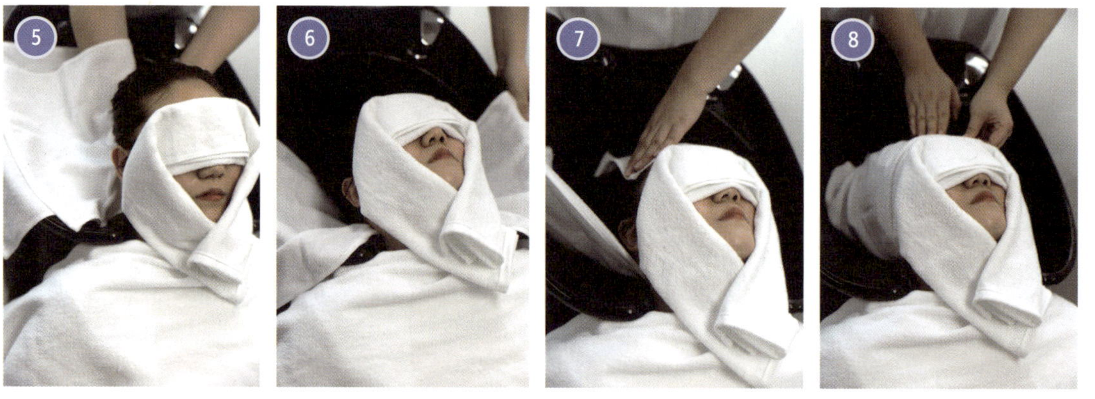

9~12 고객의 목 부분을 가볍게 들고 새 타월을 목 부분에 받쳐준다.

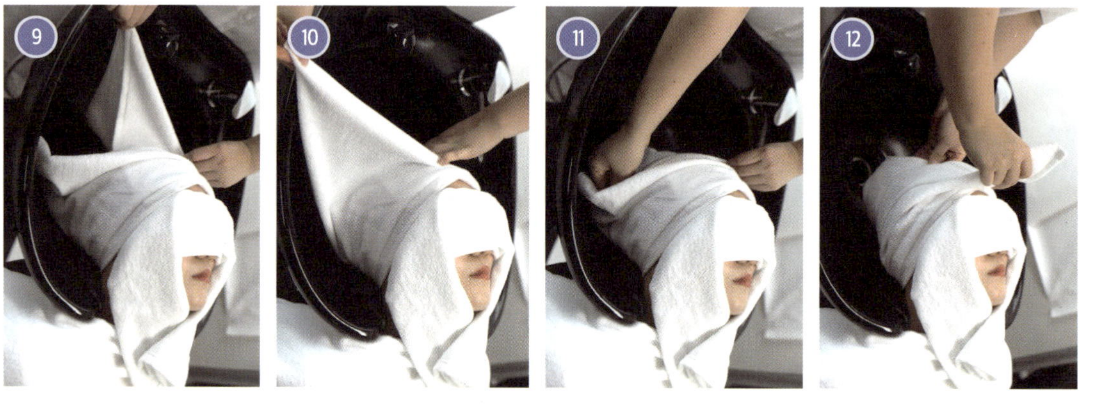

13~14 고정한 상태에서 고객의 얼굴을 가린 타월을 제거하고 목을 받치면서 고객을 일으킨다.

15~16 사용한 샴푸 볼을 깨끗이 닦아내어 물기를 제거하고 잔여물이 없도록 한다.

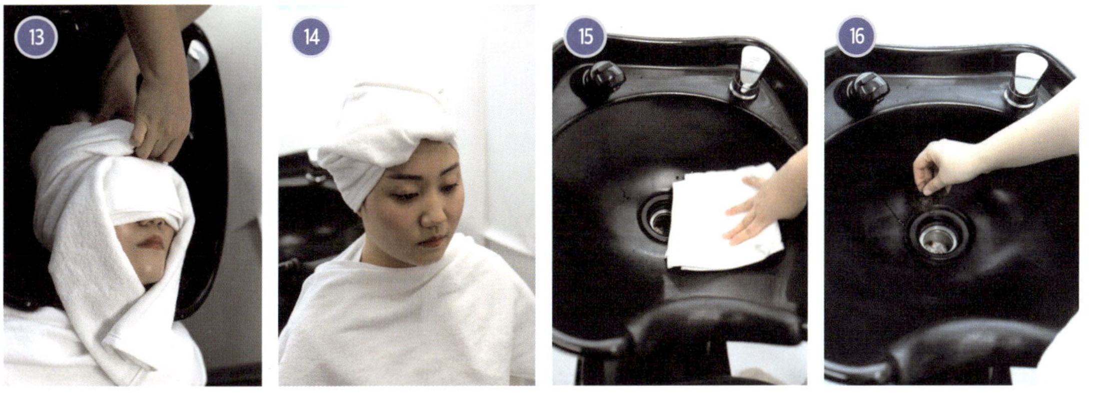

17~18 모발의 물기를 제거하고 두발을 가지런히 빗질하여 마무리한다.

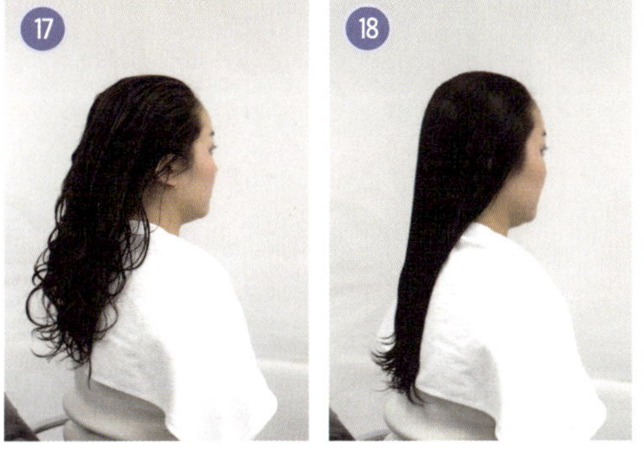

실습과제

1. 실습 진행(실습 소요시간 : 30분) : 샴푸 포트폴리오

샴푸진행 실습과정을 스크랩하시오.

chapter

11

Trichologist

기출문제

- 두개피 생리학
- 모발 생리학
- 탈모학
- 신경학
- 호르몬학
- 영양학
- 기기학
- 상담학
- 두개피 진단
- 두개피 관리 실무

기출문제

◆ 두개피 모발 생리학 ◆

두상의 두 개를 구성하는 뼈를 두개골과 안면골로 나누고, 뇌두개골은 1. ( )개의 뼈로 구성되어 있으며, 안면골은 2. ( )개의 뼈로 구성되어 있다.

03. 두개골은 전두골, 두정골, 측두골, 후두골, 접형골, 사골 등 크게 6개로 구분한다. 다음 설명 중 틀린 것을 고르시오.

① 전두골(이마뼈, Frontal bone) : 안와와 비강벽 일부를 형성하고, 이마를 이루며, 관상봉합에 의해 뒤쪽 부분이 두정골의 앞쪽에 결합된다.

② 두정골(마루뼈, Parietal bone) : 뇌를 감싸고 있는 좌우 한 쌍의 사각형 편평골로 4면 4각을 가지고 있다. 좌우 두정골 사이의 시상봉합, 전두골 사이의 관상봉합, 측두골 사이의 인상봉합, 후두골 사이의 인자봉합(람다봉합)으로 결합된다.

③ 측두골(관자뼈, Temporal bone) : 머리의 양측면에 있는 한 쌍의 뼈로 관골과 연결되며, 평형청각기의 가장 중요한 부분을 수용하고 있으며, 많은 자율신경이 지나가는 복잡한 구조를 가진 뼈이다.

④ 후두골(뒤통수뼈, Occipital bone) : 두개골 저부의 중앙에 있는 나비 모양의 함기골이다. 대익(큰날개, Greater wing)과 소익(작은 날개, Lesser wing) 그리고 익상돌기(날개돌기, Pterygoid process) 2개로 구성되어 있다.

설명

후두골(뒤통수뼈, Occipital bone) : 뒤쪽 밑 부분을 차지하는 마름모꼴의 판상골로 숟가락 모양으로 만곡되어 불룩한 면이 바깥으로 나와 있다.

접형골(나비뼈, Sphenoid bone) : 두개골 저부의 중앙에 있는 나비 모양의 함기골이다. 대익(큰날개, Greater wing)과 소익(작은 날개, Lesser wing) 그리고 익상돌기(날개돌기, Pterygoid process) 2개로 구성되어 있다.

04. 다음 설명에 해당하는 것을 고르시오.

반수체 정자의 핵과 반수체 난자의 핵이 합쳐져 융합하는 수정 과정의 결과 형성되며, 접합체(Zygote)라고도 한다.

① 낭배기 ② 포배기
③ 수정란 ④ 배란기

05. 다음 설명에 해당하는 것을 고르시오.

외배엽, 중배엽, 내배엽으로 분화하여 개체로서 각각 기능할 수 있는 기관과 조직이 된다.

① 낭배기 ② 포배기
③ 수정란 ④ 배란기

설명

낭배기(Gastrula stage)에 들어선 세포들은 여러 조직과 기관으로 분화를 시작한다. 외배엽, 중배엽, 내배엽으로 분화하여 개체로서 각각 기능할 수 있는 기관과 조직이 된다.

06. 다음 설명에 해당하는 것을 고르시오.

근골격조직, 심혈관조직 및 비뇨 생식조직뿐 아니라 이들의 조직형성을 도와주는 외배엽 및 내배엽 상피에 결합한 간충직세포들이 포함된다.

① 낭배기 ② 포배기
③ 수정란 ④ 배란기

설명

중배엽은 외배엽성 표피와 내배엽 장기조직 사이의 모든 기관을 생성한다. 여기에는 근골격조직, 심혈관조직 및 비뇨 생식조직뿐 아니라 이들의 조직형성을 도와주는 외배엽 및 내배엽 상피에 결합한 간충직세포들이 포함된다.

07. 다음 설명에 해당하는 것을 고르시오.

표피 외배엽과 신경 외배엽의 경계 부위에 존재하는 세포이다.

① 표피 외배엽 ② 중배엽
③ 신경 능선세포 ④ 신경 외배엽

설명

외배엽은 발생 초기 단계에 낭배 형성을 통해 형성되는 3배엽 중 배아의 가장 바깥을 덮는 세포층이며 표피와 중추신경계로 발달한다. 외배엽은 바깥쪽의 표피 외배엽, 신경관을 형성하는 신경 외배엽, 신경 능선세포로 구분된다. 신경 능선세포(Neural crest cell)는 표피 외배엽과 신경 외배엽의 경계 부위에 존재하는 세포이다.

08. 표피 구조의 순서로 바르게 나열한 것을 고르시오.

① 각질층 - 유극층 - 과립층 - 기저층
② 각질층 - 과립층 - 유극층 - 기저층
③ 각질층 - 기저층 - 과립층 - 유극층
④ 각질층 - 과립층 - 기저층 - 유극층

설명

피부는 표피, 진피, 피하지방조직으로 구성되어 있다. 표피는 각질층, 투명층, 과립층, 유극층, 기저층으로 구성되어 있으며, 진피층은 유두층, 망상층으로 구성되어 있다.

09. 진피의 설명으로 옳지 않은 것을 고르시오.

① 진피는 유극층과 망상층으로 분류된다.
② 콜라겐은 피부 내의 자연 보습을 담당하는 요소이다.
③ 단백질의 일종인 교원섬유와 탄력섬유로 구성되어 있다.
④ 피부의 생리작용 역할을 한다.

10. **두개피의 기능에 관하여 해당하지 않는 것을 고르시오.**

① 호흡기능 ② 감각 수용기능
③ 분비 또는 배설기능 ④ 충격완화기능

11. **다음 중 외배엽에 속하지 않는 것을 고르시오.**

① 표피 외배엽 ② 표피 내배엽
③ 신경 외배엽 ④ 신경 능선세포

설명
발생 초기 단계에서 낭배 형성을 통해 형성되는 3배엽 중 배아의 가장 바깥을 덮는 세포층이며, 표피와 중추신경계로 발달한다. 외배엽은 바깥쪽의 표피 외배엽, 신경관을 형성하는 신경 외배엽, 신경 능선세포로 구분된다.

12. **모낭의 발생 과정으로 설명이 틀린 것을 고르시오.**

① 모낭의 형성은 모태에서 10~20일쯤 한 개 층의 세포가 생기며, 시간이 지남에 따라 배아층, 주피의 세 개의 층으로 분화된다.
② 모낭은 표피에 배아층의 세포가 모여 촘촘한 집합체를 만든 모아의 세포군이 분열하며 성장한다. 이 과정은 모아 형성의 전 단계인 전모아기, 모아기, 모항기, 모구성, 모항기를 거쳐 모낭이 된다.
③ 모낭이 성숙한 형태로 발달하면 피지를 분비해주는 피지선이 형성되고, 이후에 모낭벽에 붙어있는 기모근이 생성된다.
④ 영양과 산소를 담당하는 모유두가 형성되고, 이 모유두와 인접하고 있는 부분의 모모세포가 모유두에서 영양을 공급받아 세포분열을 하여 새로운 모발을 생성한다. 모발의 발생은 모모세포가 모유두에서 영양을 공급받아 세포 분열되어 모발의 형태를 갖추어 성장한다.

설명
① 모낭의 형성은 모태에서 30~40일쯤 한 개 층의 세포가 생기며, 시간이 지남에 따라 배아층, 주피의 세 개의 층으로 분화된다.

13. **상피세포는 기저층에서 유극층으로 다시 과립층으로 올라가며, 각질층 형태로 머물다 피부에서 떨어져 나간다. 피부의 주기는 얼마인가?**

① 약 25일 ② 약 26일
③ 약 27일 ④ 약 28일

설명
상피세표는 기저층에서 유극층으로 다시 과립층으로 올라가는 기간은 약 14일이며, 각질층 형태에서 약 14일간 머물다가 피부에서 떨어져 나간다. 따라서 피부 주기는 약 28일로 새로운 상피세포가 생성된다.

14. **상피가 생겨난 배엽에 따른 구분으로 틀린 것을 고르시오.**

① 외배엽성 상피 ② 내배엽성 상피
③ 중배엽성 상피 ④ 상배엽성 상피

설명
상피가 생겨난 배엽에 따른 구분은 외배엽성 상피, 내배엽성 상피, 중배엽성 상피 등으로 구분한다.

15. **두개피부의 변성물에 속하지 않은 것을 고르시오.**

① 털 ② 손톱 ③ 발톱 ④ 피지

16. **소한선의 설명으로 틀린 것을 고르시오.**

① 피부 전신에 분포하며, 주로 겨드랑이 및 이마, 손, 발바닥 등에 존재한다.

② 피부 전신에 분포하며, 주로 겨드랑이, 눈꺼풀, 유방에 존재하여 털에 부속된다.

③ 체온을 조절하는 기능이 있으며, 정서적 자극에 반응한다.

④ 분비선은 진피 및 피하지방층 경계부 또는 진피 아래 1/3에 존재하며, 피하지방층과 연결되는 지방조직에 둘러싸여 있다.

설명

대한선(Apocrine)

- 대한선은 겨드랑이, 눈꺼풀, 유방에 존재하여 털에 부속된다.
- 분비부는 진피 내 한관, 표피 내 한관으로 구성되어 있다.
- 사춘기가 되어 분비부가 발달하여 냄새를 내는 기능을 한다.
- 동물에서는 방어 및 성적 역할이 있으나 사람에게는 확실하지 않다.
- 분비물은 젖과 유사하여 끈적이고 분비 당시에는 냄새가 없으나 피부 표면에서 세균에 의해 분해되어 특징적인 냄새가 난다.

17. **피하지방의 설명으로 틀린 것을 고르시오.**

① 영양분의 저장소이다.

② 기계적 충격은 물론 물리적 충격을 방지한다.

③ 외부 온도변화로부터 신체를 보호하는 역할을 한다.

④ 피하조직의 양은 성별, 나이, 부위 등에 상관없이 같고, 일반적으로 여자보다 남자가 지방조직이 두껍다.

설명

피하조직(Subcutaneous fat)은 일반적으로 소성결합조직으로 근막이나 골막과 가볍게 결합해 있다. 피하조직은 장소에 따라 그리고 영양 상태에 따라 정도의 차이는 있지만, 지방세포군을 포함해 피하지방조직으로도 불린다.

- 피하지방조직이 많은 부위는 복부, 여성 유방, 전부, 후구, 액하(겨드랑이, 腋下), 손바닥, 발바닥 등이고, 거의 없는 부위는 비골, 안검, 외음부 등이다. 인체보호 작용으로서 물리적인 외상에 대한 중요 방어체 중 하나이다.
- 피하조직의 양 : 성별, 나이, 부위 등에 따라 다르고, 일반적으로 남자보다 여자가 지방조직이 두껍다.

18. **각질층과 과립층의 경계를 이루는 층으로 손바닥과 발바닥에만 있는 층은?**

① 기저층 ② 투명층
③ 유두층 ④ 과립층

19. **이상 분화 현상으로 인하여 피부 병리의 원인이 되는 것을 고르시오.**

① 기저층 ② 투명층
③ 유두층 ④ 과립층

20. 케라틴세포와 멜라닌세포를 가지고 있는 층에 해당하는 것을 고르시오.

① 표피의 기저층
② 표피의 유극층
③ 진피의 망상층
④ 진피의 유극층

설명
기저층(Stratum basle)은 기저막 위에 있는 한 줄의 원주세포층으로서 기저대를 이룬다. 또한 핵이 있는 원주형 세포층으로 세포분열이 왕성하며 진피와 접촉된 표피세포의 발생 근원지이다. 이상 분화 현상으로 인하여 피부 병리의 원인이 된다.

21. 표피와 진피의 경계선 형태에 해당하는 것을 고르시오.

① 직선 ② 사선
③ 물결선 ④ 곡선

22. 두개피에 있어 자율신경의 지배를 받고 있지 않은 것을 고르시오.

① 혈관 ② 입모근
③ 한선 ④ 피지선

23. 다음 중 피부색을 결정하는 주요인에 해당하는 것을 고르시오.

① 근육의 탄력 ② 지방의 양
③ 혈액 공급량 ④ 털의 양

24. 두개피부의 pH에 대한 설명으로 틀린 것을 고르시오.

① 피부의 pH는 일반적으로 약알칼리성이다.
② 피지나 땀의 분비량에 의해 pH가 좌우된다.
③ 피부 표면에 소량의 증류수를 첨가하여 측정한다.
④ 피부의 pH는 일반적으로 약산성을 나타낸다.

25. 모낭의 가장 아래쪽에 위치하며 수많은 모모세포로 덮여 있고 내부에 모세혈관과 자율신경이 있어서 모발의 성장에 주요한 영향을 미치는 것은?

① 모모세포 ② 모유두
③ 모근 ④ 모구

26. 모유두를 덮고 있으면 모유두로부터 영양을 공급받아 끊임없이 세포분열을 하면서 증식을 되풀이하는 것은?

① 모모세포 ② 모구
③ 모근 ④ 모낭

27. 표피와 진피의 경계부분에 존재하며 모세혈관이 풍부하게 분포되어 있어 혈관분포가 없는 표피에 영양소와 산소를 이동시키는 역할을 하는 것은?

① 유두층 ② 망상층
③ 콜라겐 ④ 엘라스틴

28. **두개피 혈액 환경이 안 좋아질 때 모모세포에는 어떤 영향을 미치는가?**

① 영양 공급불량
② 산소 공급과다
③ 피지 과잉공급
④ 특별한 영향 없다.

29. **한선에 대한 설명으로 올바른 것을 고르시오.**

① 에크린 한선은 모낭과 연결되어 피부 표면으로 통하게 되어 있다.
② 소한선에서 분비되는 땀은 대한선에서 분비되는 땀에 비해 양이 적다.
③ 아포크린선 한선은 피부 표면으로 직접 열려 있다.
④ 에크린 한선은 태어날 때부터 입과 입술 일부를 제외하고는 거의 전신에 분포되어 있다.

설명

소한선(Ecrine)

- 피부 전신에 분포하고 주로 겨드랑이 및 이마, 손 · 발바닥 등에 가장 많이 존재한다.
- 체온을 조절하는 기능이 있으며, 정서적 자극에 반응한다.
- 분비선은 진피 및 피하지방층 경계부 또는 진피 아래 1/3에 존재하며, 피하지방층과 연결되는 지방조직에 둘러싸여 있다.

30. **대한선에 대한 설명으로 틀린 것을 고르시오.**

① 아포크린선이라고도 하며 소한선보다 크다.
② 소한선의 담보다 농도가 짙고 독특한 냄새가 난다.
③ 귀 언저리, 겨드랑이, 젖꼭지, 배꼽, 음부 등 몸 전체에 분포되어 있다.
④ 겨드랑이에서 악취가 나는 것을 액취증 또는 암내라고 한다.

31. **다음 설명에 해당하는 것을 고르시오.**

> 소름, 추위, 공포에 대한 반응, 모공을 수축시키는 현상은 심리적인 원인이기도 하다.

① 모모세포 ② 모유두
③ 기모근 ④ 기저세포

설명

기모근(Arrector pili muscle)은 인체의 근육과 같은 부분으로 신경계의 지시에 따라 수축한다. 기모근이 수축하면 모낭이 잡아당겨서 머리카락이 서게 된다. 소름, 추위, 공포에 대한 반응, 모공수축, 피지분비를 촉진하는 현상은 심리적인 원인이기도 하다.

32. **피하지방층의 지방 저장능력은 얼마인지 고르시오.**

① 5~10kg ② 10~15kg
③ 15~20kg ④ 20~25kg

설명
피하지방층의 지방 저장능력은 10~15kg 정도로 청소년의 복부 비만 현상은 피하지방층 부위의 저장능력을 보여주는 좋은 예이다.

33. 다음 중 면역을 담당하고 있지 않은 것을 고르시오.

① 대식세포 ② 랑게르한스세포
③ 섬유아세포 ④ 비만세포

설명
섬유아세포(Fibroblast)는 세포간물질의 생성, 콜라겐 전도 물질, 세망섬유와 탄력섬유 등의 생성에 관여한다.

34. 두개골의 종류에 해당하지 않는 것을 고르시오.

① 전두골 ② 접형골
③ 측두골 ④ 하악골

설명
두개골은 전두골, 두정골, 측두골, 후두골, 접형골, 사골 등 크게 6개로 구분한다.

35. 두개피 표면에서 살균작용을 하거나 세균 번식을 막는 역할을 하는 것은?

① 피지막 ② 땀샘
③ 수분 ④ 멜라닌 색소

36. 기저세포층에서 과립세포층까지 중심에 핵을 가지고 있지만, 각질세포로 바뀌어 핵이 없어지는 현상을 무엇이라 하는가?

① 각질 ② 각화 현상
③ 케라티노사이트 ④ 멜라노사이트

37. 다음 설명에 해당하는 것을 고르시오.

> 배리어 존(Barrier zone)이 존재하여 과립층 하부로부터 수분유실을 저지시켜 주고, 두개피에 발생하는 다양한 피부염을 억제, 피부 트러블의 원인이 되는 층이기도 하고 과립층을 미용층이라고 한다.

① 유두층 ② 망상층
③ 콜라겐 ④ 엘라스틴

설명
과립층(Stratum gradulosum)은 2~5층의 과립세포로 구성되어 있고 케라토하이알린(keratohyaline) 과립을 포함하기 때문에 이렇게 부른다.

38. 모발 초기에 세포 분열하여 발생하는 것을 고르시오.

① 내배엽 ② 외배엽
③ 중배엽 ④ 중이

39. **모낭의 형성과정을 순서대로 나열한 것을 고르시오.**

① 전모아기 - 모아기 - 모항기 - 모구성 모항기 - 모낭완성

② 전모아기 - 모항기 - 모아기 - 모구성 모항기 - 모낭완성

③ 전모아기 - 모아기 - 모구성 모항기 - 모항기 - 모낭완성

④ 전모아기 - 모항기 - 모구성 모항기 - 모아기 - 모낭완성

설명

모낭은 표피에 배아층의 세포가 모여 촘촘한 집합체를 만든 모아의 세포군이 분열하며 성장한다. 이 과정은 모아 형성의 전 단계인 전모아기, 모아기, 모항기, 모구성모항기를 거쳐 모낭이 된다.

기출문제

◆ 모발 생리학 ◆

01. 모발의 결합 중 산소 원자와 수소 원자 사이에 인력에 의한 결합으로 모발의 결합 중 힘은 약하나 비중을 많이 차지하는 결합에 해당하는 것을 고르시오.

① 수소결합 ② 이온결합
③ 시스틴결합 ④ 펩티드결합

설명
이온결합으로 수분은 결합이 끊어지며, 건조로 다시 연결된다. 아미노산의 산성 부위에 있는 산소 원자가 다른 아미노산의 산성 부위에 있는 수소 원자(C=O…HN)를 끌어당길 때 일어난다.

02. 모발의 성장단계로 모모세포의 분열이 저조해져 성장이 멈추는 단계에 해당하는 것을 고르시오.

① 성장기 ② 탈모기
③ 퇴화기 ④ 휴지기

설명
퇴화기(Catagen)의 모구는 모유두와 분리되어 산소와 영양소 공급이 차단된다. 이로 인하여 모모세포의 분열과 멜라닌 색소의 생성도 중지된다. 모근부는 1/3 정도로 줄어들어 모구의 모양도 점점 쪼그라들게 된다. 퇴화기는 기존 모발의 퇴화와 동시에 모유두 주위에 새로운 배세포(Germ cell)가 만들어진다.

03. 에피큐티클에 대한 설명으로 틀린 것을 고르시오.

① 모표피 중간에 위치한다.
② 친유성이다.
③ 화학제품에 대한 저항성이 크다.
④ 물리적인 자극에 약하다.

설명
모표피의 가장 바깥 부분으로 화학적 시술 및 외부의 열과 마찰 등에 의해 자극을 받는 부분이다. 물리적인 자극에 대해서는 약하나 화학제품에 대해서는 강한 저항력을 가지는 것이 특징이다. 피지선에서 분비된 피지의 영향으로 친유성을 띤다.

04. 모발의 색과 관련이 없는 미네랄을 고르시오.

① 구리 ② 망간
③ 칼륨 ④ 철

05. 한 모낭에 모발은 몇 개가 성장하는지 고르시오.

① 1개 ② 2개
③ 3개 ④ 4개

06. 다음 중 ( )안에 들어갈 내용으로 맞는 것을 고르시오.

> 모발의 굵기는 보통( )이며, 연모는 가는 모발로서 ( ) 이하이다.

① 0.05~0.065mm, 0.04mm
② 0.075~0.1mm, 0.05mm
③ 0.075~0.085mm, 0.05mm
③ 0.075~0.1mm, 0.04mm

설명
모발의 굵기(Thickness)는 보통 0.075~0.085mm이며, 모표피의 겹 수가 많으면 많을수록 모발의 두께는 굵으며, 인종, 환경, 탈모 정도에 따라 굵기를 달리하기도 하고, 연령과 건강 상태, 탈모 진행 상태 등에 따라 굵기 변화를 갖게 된다.

07. 모발을 구성하는 아미노산 중 필수 아미노산이 아닌 것은?

① 루신 ② 리신
③ 이소루신 ④ 시스틴

08. 모발이 세로로 갈라져 가지처럼 보이는 현상은 무엇인가?

① 지모 ② 단일모
③ 다고성모 ④ 축모

09. 모발의 결합구조로 알맞지 않은 것을 고르시오.

① 염 결합 ② 수소 결합
③ 탄소결합 ④ 폴리펩타이드 결합

10. 모발을 태우면 특이한 향을 내게 되는데 어떤 성분 때문인가?

① 황 ② 인 ③ 수소 ④ 탄소

11. 모발을 잡아당겼을 때까지 견디고자 하는 힘이자, 가해진 하중을 무엇이라 하는가?

① 모발의 신장 ② 모발의 밀도
③ 모발의 인장강도 ④ 모발의 팽윤성

설명
모발을 잡아당겼을 때 끊어질 때까지 견디는 힘이자 가해진 하중을 인장강도(g)라 하며, 끊어지기 전까지 늘어난 비율을 신도(%)라고 한다.

12. 다음 설명에 해당하는 것을 고르시오.

> 주요 기능은 에너지 저장, 신호전달, 테스토스테론과 같은 호르몬을 만드는 데 이용되며, 세포막 구성성분의 역할을 한다.

① 지질 ② 단백질
③ 수분 ④ 황

설명
지질(Lipid)은 인체를 구성하는 물질 중에서 유기용매(에테르, 클로로폼, 벤젠, 석유 등)에 잘 녹고, 물에는 녹지 않는 생물학적 기원이 되는 물질이다. 지질은 자연적으로 발생하는 물질이고, 주요 기능은 에너지 저장, 신호전달, 테스토스테론과 같은 호르몬을 만드는 데 이용되며, 세포막 구성성분의 역할을 한다.

13. **다음 중 ( )안에 들어갈 내용으로 맞는 것을 고르시오.**

> ( )은 모발의 85~90%의 가장 넓은 면적으로 결정영역인 ( )과 비결정영역인 ( )으로 구분한다.

① 모표피, 측쇄결합, 주쇄결합

② 모피질, 주쇄결합, 측쇄결합

③ 모피질, 측쇄결합, 주쇄결합

④ 모수질, 주쇄결합, 측쇄결합

설명

모피질(Cortex)은 모발의 85~90%의 가장 넓은 면적으로 결정영역인 주쇄결합과 비결정영역인 측쇄결합으로 구분한다. 결정영역 섬유다발들의 피질세포는 가장 큰 섬유다발인 거대섬유(Macro fibril)와 거대섬유를 구성하고 있는 여러 개의 미세섬유(Micro fibril), 미세섬유를 구성하고 있는 11개의 원섬유(Proto fibril)로 구성되어 있다.

14. **모발을 구성하고 있는 아미노산 중 가장 높은 비율을 차지하고 있는 것은?**

① 시스틴 ② 아르기닌

③ 티로신 ④ 아스파라긴

15. **다음 중 ( )안에 들어갈 내용으로 맞는 것을 고르시오.**

> 모발은 ( )와 ( )로 구분되며, ( )에는 모세혈관, 기모근, 모유두, 땀샘, 기저세포, 모낭 등 여러 가지 기관들로 구성되어 있다.

① 모간부 - 모근부 - 모근부

② 모표피 - 모피질 - 모수질

③ 모간부 - 모근부 - 모간부

④ 모표피 - 모피질 - 모피질

16. **인종에 따라 모발색은 서로 다르게 만들어진다. 동양인에게서 많이 볼 수 있는 멜라닌은?**

① 페오멜라닌 ② 유멜라닌

③ 티로시나아제 ④ 도파퀴논

설명

일반적으로 모발색은 서양인은 갈색계열, 동양인은 어두운 갈색계열 또는 검정색이다. 그러나 모발을 자세히 보면 인종마다 또는 사람마다 모발색이 다르다. 이는 우리의 얼굴이 다르듯이 유전자 코드에서 발현되어 모발의 색상이 다르게 나타나기 때문이다.

17. 1가닥의 머리카락을 뽑는데 필요한 힘을 무엇이라 하는가?

① 모발의 탄력성
② 모발의 질감
③ 모발의 인장강도
④ 모발의 고착력

18. 다음 설명에 해당하는 것을 고르시오.

> 호르몬의 영향을 받음, 30대 이후 점차 연모화, 단단한 단백질의 결합 형태, 굵기는 0.15 ~ 0.20mm

① 취모　② 경모
③ 연모　④ 직모

19. 모발의 성장주기에 관한 설명으로 틀린 것을 고르시오.

① 성장기 : 전체 모발의 80~90%이며, 수명은 평균 3~6년이며 개인의 건강 상태 등에 따라 달라질 수 있다.
② 퇴화기 : 전체 모발의 약 1~2%이며, 수명은 1~2개월이다.
③ 휴지기 : 전체 모발의 약 10%이며, 수명은 약 3~4개월이다.
④ 성장기 〉휴지기 〉퇴화기 순으로 진행한다.

설명
모발의 성장주기는 모발을 성장시키는 성장기(Anagen), 성장을 종료하고 모구부가 축소하는 시기인 퇴화기(Catagen), 모유두가 활동을 멈추고 모발이 두개피에 머물다가 탈모가 되는 시기인 휴지기(Talogen)로 구분한다.

20. 다음 설명으로 틀린 것을 고르시오.

① 모표피 : 모발의 약 10~15% 정도를 차지하며 비늘 모양을 겹쳐 있다.
② 모수질 : 모발의 중심부에 있으며, 존재 유　무가 불확실하다.
③ 모피질 : 모발 대부분인 85~90%를 차지하고 있으며 주성분은 세라마이드이다.
④ 모표피 : 에피큐티클, 엑소큐티클, 엔도큐티클로 이루어져 있다.

설명
모표피, 모피질, 모수질 3개의 층으로 구성되어 있다. 모발은 18종의 아미노산으로 구성된 경케라틴은 모발의 80~90%, 멜라닌 색소는 3~4%, 지질은 1~8%, 수분은 10~15%, 미량원소는 0.6~1%로 구성되어 있다.

21. **유멜라닌의 생성과정으로 바른 것을 고르시오.**

① 티로신 - 티로시나아제 - 산화 - 도파 - 도파퀴논 - 분사형 멜라닌

② 티로신 - 티로시나아제 - 산화 -도파 - 도파퀴논 - 과립형 멜라닌

③ 티로시나아제 - 티로신 - 도파 - 티로시나아제 - 도파퀴논 - 과립형 멜라닌

④ 티로신 - 티로시나아제 - 산화 - 도파 - 도파퀴논 - 도파크롬 - 분사형 멜라닌

설명

멜라닌 색소가 생성되는 과정은 뇌하수체에서 분비되는 색소세포 자극 호르몬으로 인하여 멜라닌생성세포에 있는 아미노산의 일종인 티로신(Tyrosine)은 티로시나제(Tyrosinase)의 산화효소작용으로 도파(DOPA)가 형성되며, 이는 다시 도파퀴논(Dopaquinone)으로 진행된다. 모모세포에서 모세포가 생성되면 멜라닌세포는 돌기를 뻗어 멜라닌 색소를 모세포에 집어넣는다.

22. **모발의 성장에 영향을 주는 요인이 아닌 것을 고르시오.**

① 병적 요인

② 호르몬에 의한 요인

③ 유전적 요인

④ 기후에 의한 요인

23. **모발을 알칼리성 용액에 담근 후 당기게 되면 물에 적신 모발보다 더 작은 힘으로도 모발이 늘어나는 이유에 해당하는 것을 고르시오.**

① 이온 결합이 끊어져서

② 시스틴 결합이 끊어져서

③ 폴리펩티드 결합이 끊어져서

④ 펩티드 결합이 끊어져서

24. **모표피의 특징으로 알맞은 것을 고르시오.**

① 두발의 중간층이다.

② 보온 및 절연기능이 있다.

③ 황 성분이 가장 많은 부분이다.

④ 멜라닌 색소를 함유하고 있다.

25. **단백질 용해성의 알칼리제에 대한 저항성이 중간적인 성질을 지니고 있으며, 펌 또는 염색제 등의 작용을 받기 쉬운 부분을 고르시오.**

① 엔도큐티클(Endo cuticle)

② 엑소큐티클(Exo cuticle)

③ 헤어큐티클(Hair cuticle)

④ 헤어 코텍스(Hair cortex)

26. **모발과 가장 가까이 접하고 있으며, 모구부에서 생성된 모발을 감싸서 완전히 각화될 때까지 보호하여 표피 밖으로 운송하는 역할을 한 후에 비듬과 같이 탈락하는 것은 어디에 해당하는지 고르시오.**

① 내모근초 ② 모낭

③ 모근 ④ 모모세포

설명
내모근초는 모발의 성장과 함께 위로 밀려 올려주는 역할을 한다. 모발을 표피까지 운송하여 역할을 다 한 후에는 비듬으로 되어 떨어진다. 표피상피의 각질층과 연속되는 층으로서 피지선이 열리는 부분 아래쪽에 위치한다.

27. **다음 중 ( )안에 들어갈 내용으로 맞는 것을 고르시오.**

모발은 보통 ( )%의 수분을 가지며, 샴푸 후는 ( )% 드라이 건조 시, ( )% 정도의 수분을 가지며 온도와 습도의 영향을 받는다.

① 10%~15%, 30%, 10%

② 5%, 50, 0%

③ 30%, 40%, 0%

④ 20%, 20%, 5%

28. **다음 중 ( )안에 들어갈 내용으로 맞는 것을 고르시오.**

모발은 80~90% ( )단백질로 구성되어 있으며, 그 외 멜라닌 색소 ( )% 이하, 피지 1~8%, 수분 ( )% 미량원소 등이 포함되어있다.

① 케라틴(Keratin), 3%, 10~15%

② 아르기닌(Arginine), 80%, 30%

③ 글리신(Glycine), 3%, 20%

④ 아스파르긴산(Aspartic acid), 20%, 10~15%

29. **다음 설명에 해당하는 것을 고르시오.**

이온 결합이라고도 말하며, 양이온(카르복실기)과 음이온(아미노기)으로 결합한다. 그러나 모발의 pH(등전점)가 산 혹은 알칼리로 바뀌게 되면 결합이 약하여 끊어지게 된다.

① 시스틴 결합

② 염 결합

③ 수소 결합

④ 폴리펩타이드 결합

설명
이온 결합으로 알칼리에 의해 결합이 끊어지며, 산에 의해 다시 연결된다. 알칼리성 아미노산 잔기와 산성 아미노산 잔기 간에 전자 궤도를 이동하여 형성되는 이온성 결합(COO^{-} NH^{3+})이다. 염 결합의 수는 pH에 큰 영향을 준다.

30. **다음 설명에 해당하는 것을 고르시오.**

> 결합구조 중 가장 약한 결합으로 수분으로 끊어지고 건조한 상태에서 다시 결합하게 된다. 일반적으로 결합의 재구성으로 시술을 하는 것이 드라이라고 할 수 있다.

① 이황화 결합 ② 시스틴 결합
③ 염 결합 ④ 수소 결합

31. **다음 설명에 해당하는 것을 고르시오.**

> 이황화 결합이라고도 말하며 아미노산 중 황(S)을 함유한 시스테인 두 개가 결합한 것으로 가로 결합 중 가장 강한 결합으로 물이나 수분 등에 의하여 끊어지진 않으나 화학적인 시술, 즉 펌제의 수소에 의하여 환원되며 산소에 의하여 산화되어 일정한 형태를 만들어 준다.

① 시스틴 결합
② 염 결합
③ 수소 결합
④ 폴리펩타이드 결합

32. **다음 중 ( )안에 들어갈 내용으로 맞는 것을 고르시오.**

> (　　　)는 영양소를 공급받아 티로신에서 티로시나아제라는 효소의 작용으로 일련의 화학반응이 일어난다. 이 티로시나아제는 멜라닌 색소의 전 단계인 5-6디하이드록시인돌이 만들어진다.

① 입자형 멜라닌
② 분사형 멜라닌
③ 멜라노사이트
④ 케라티노사이트

33. **모발에 적절한 힘을 가하면 모발이 늘어나고 힘을 빼면 줄어들게 되는데, 이러한 특성은 모발의 섬유다발 중 어느 부분의 나선형 형태의 특성인지 알맞은 것을 고르시오.**

① 거대섬유 ② 원섬유
③ 미세섬유 ④ 폴리펩티드 체인

설명

원섬유는 3개의 폴리펩티드 체인(Polypeptide chain)들로 구성되어 있고, 이들 3개의 폴리펩티드 체인들은 서로 화학적 결합들로 연결되어 있다. 원섬유는 형태상으로 용수철과 같은 나선형으로 꼬여 있으며, 이를 헬릭스(Helix) 구조라고 한다. 나선형의 꼬인 용수철 모양은 힘을 주면 늘어나고 힘을 빼면 다시 원래의 모양으로 돌아가는 특징을 갖고 있다. 이로 인하여 모발의 탄력성을 갖게 된다. 화학적 시술로 변화되기 전의 구조를 알파 헬릭스(α-helix) 구조라 하며, 변화 후의 구조를 베타 헬릭스(β-helix) 구조라고 한다.

34. **모발의 하루 평균 성장은 0.4mm 정도이며, 성장기 기간을 약 5년으로 평균을 하여 계산 시, 모발 성장 길이는 얼마인가?**

① 73cm ② 70cm
③ 83cm ④ 80cm

35. **모발을 구성하는 아미노산은 전기적으로 +와 -의 양쪽 성질을 가지고 있다. 만약 용액이 알칼리성이면 -이온으로, 산성이면 +이온으로 존재한다. 또 용액이 중성이면 -와 +이온이 동등한 상태가 되는데, 이것을 (　　　)이라 한다.**

기출문제

◆ 탈모학 ◆

01. 하루 평균 약 몇 개의 모발이 빠지는가?

① 50~100본 ② 150~200본
③ 200~250본 ④ 250~300본

설명
동양인의 평균 모발 수는 약 10만 본으로 하루 평균 약 50~100본 정도가 빠진다. 그 이상 빠지는 것을 비정상적인 탈모라 한다. 탈모가 진행되는 원인은 매우 다양하게 발생한다. 탈모의 요인으로 유전적 요인, 호르몬 불균형, 과도한 스트레스, 영향 불균형, 혈액순환 장애, 자가면역체계 이상 등과 같은 내외적 요인과 물리적, 화학적, 환경적 요인이 복합적으로 작용한다.

02. 탈모의 특징에 관한 설명으로 틀린 것을 고르시오.

① 다양한 두개피 유형이 존재한다.
② 전두부와 두정부에 주로 발생한다.
③ 모발이 점차 가늘어지는 현상이 발생한다.
④ 일반적으로 탈모의 진행은 급격히 진행한다.

03. 테스토스테론의 특징에 관한 설명으로 틀린 것을 고르시오.

① 정자 형성
② 음경 및 음낭의 성장
③ 전립선의 성장
④ 수염, 음모, 겨드랑이털, 체모 성장

설명
정자 형성, 성욕과 성 기능 증진, 음경 및 음낭의 성장, 근육 형성과 지방분해, 수염, 음모, 겨드랑이털, 체모 성장

04. 다음 설명에 해당하는 것을 고르시오.

탈모 초기 정수리나 두정부의 가르마 부위에서 시작하여 둥근 원형을 띠며, 머리숱이 적어지고, 모발이 가늘어져 두개피가 보일 정도로 모발의 밀도가 낮아지는 특징이다.

① 테스토스테론
② 디하이드로테스토스테론
③ 에스트로겐
④ 안드로겐

설명
여성형 탈모는 난소기능의 저하, 폐경 등 여성호르몬인 안드로겐(Androgen)의 분비가 감소하는 40대를 전후로 급격히 나타난다.

05. 원형 탈모의 증상으로 틀린 것을 고르시오.

① 다발형 또는 그 이상 넓은 범위의 탈모는 단기간 소요된다.

② 성인의 원형 탈모증이 단발일 경우 6~7개월 치료 후에 완치할 수 있다.

③ 영유아의 경우 재발하거나 증세가 더 심화하므로 세심한 주의와 치료가 필요하다.

④ 백혈구균이 모낭 내 모구를 공격, 특별한 증상 없이 갑자기 원형 또는 타원형으로 탈모가 발생한다.

설명

① 다발형 또는 그 이상 넓은 범위의 탈모는 장기간이 소요된다.
② 성인의 원형 탈모증이 단발일 경우 6~7개월 치료 후에 완치할 수 있다.
③ 영유아의 경우 재발하거나 더 증세가 심화하므로 세심한 주의와 치료가 필요하다.
④ 백혈구가 모낭 내 모구를 공격, 특별한 증상 없이 갑자기 원형 또는 타원형으로 탈모가 발생한다.

06. 다음 설명에 해당하는 것을 고르시오.

> 두개피의 청결하지 못한 관리는 피지 산화물과 노화 각질로 인해 두피에 세균과 모낭충 번식에 좋은 환경을 제공하여 두개피의 심한 악취 및 홍반과 염증을 동반한다.

① 비강성 탈모　② 지루성 탈모
③ 결발성 탈모　④ 약제성 탈모

설명

지루성 탈모는 피지선에서 과도한 피지분비와 두개피의 청결하지 못한 관리는 피지 산화물과 노화 각질로 인해 두개피에 세균과 모낭충 번식에 좋은 환경을 만들어 두개피의 심한 악취와 홍반, 염증 등을 동반한다.

07. 다음 설명에 해당하는 것을 고르시오.

> 모발을 한 가닥씩 이식하는 방법으로 모발이 경모에 속하고, 모근이 굵은 동양인들에게 적합한 방법으로 흉터가 남지 않고 외관상 자연스러운 특징을 가지고 있다.

① 펀치법
② 미니크래프트법
③ 마이크로그래프트법
④ 단일모 식모술

설명

단일모 식모술은 모발을 한 가닥씩 이식하는 방법으로 모발이 경모에 속하고 모근이 굵은 동양인들에게 적합한 방법으로 흉터가 남지 않고, 외관상 자연스럽다는 장점이 있다.

08. 현재 시중에 판매되는 미녹시딜의 농도를 잘못 설명한 것을 고르시오.

① 2%　② 3%
③ 4%　④ 5%

설명

미녹시딜 성분의 국소도포제는 고혈압 치료제로 사용되던 것이 부작용으로 털이 생성되는 현상을 발견, 발모제로 개발된 제품으로, 탈모 진행이 쉽게 일어나는 정수리 부위에 효과적이다. 현재 시중에 2%, 3%, 5% 제재가 판매되고 있으며, 초기에는 남성만 5% 약품을 사용하였지만, 최근에는 여성에게도 사용하여 효과를 보고 있는 것으로 알려졌다. 단, 여성의 경우 5% 약품을 사용 시 얼굴 부위에 털이 자랄 수 있어 2~3% 약품을 주로 사용하고 있다.

09. 피나스테라이드에 관한 설명으로 틀린 것을 고르시오.

① 보통 6개월 복용 후에 효과를 볼 수 있다.
② 디하이드로테스토스테론 호르몬의 생성을 활성화한다.
③ 의사의 처방이 요구되며, 일평생 지속적으로 복용하여야 한다.
④ 보통 남성의 30%가 모발을 두껍게 하며, 80%가 탈모를 안정화한다.

설명

피나스테라이드는 남성호르몬인 안드로겐을 억제하는 약물로 로가인으로 시판되고 있다. 피나스테라이드는 양성 전립선 비대증 치료로 개발되었으나 복용 중 모발이 자라는 효과로 인하여 남성형 탈모증 치료에 사용된다.

10. 탈모의 원인과 거리가 먼 것을 고르시오.

① 영양결핍 ② 호르몬 불균형
③ 유전적 요인 ④ 모발의 건조

11. 에스트로겐의 특징에 해당하지 않는 것을 고르시오.

① 기초대사 유지기능
② 피부 유지보수기능
③ 근육 유지기능
④ 유선의 발육 촉진기능

12. 남성호르몬의 특징에 해당하는 것을 고르시오.

① 피지분비 촉진
② 모발성장 촉진
③ 체모발육 억제
④ 피지분비 억제

13. 탈모를 일으키는 호르몬 중 남성에게 직접적인 영향을 미치는 호르몬은?

① 안드로겐
② 에스트로겐
③ 디하이드로테스토스테론
④ 테스토스테론

설명

탈모를 직접 일으키는 디하이드로테스토스테론은 모낭세포의 특정 부분과 결합하여 탈모와 연관된 일련의 변화를 일으키는 원인 물질로, 성장기를 짧게 하고, 휴지기를 길게 함으로써 생장 주기를 거듭할수록 모발의 굵기가 점점 가늘어진다. 테스토스테론은 겨드랑이털과 음모의 성장에 영향을 주고 있지만, 디하이드로테스토스테론은 턱수염과 탈모에 영향을 준다.

14. 탈모증 중에 전염성이 있는 탈모증에 해당하는 것을 고르시오.

① 지루성 탈모증
② 원형 탈모증
③ 두부백선에 의한 탈모증
④ 건선에 의한 탈모증

설명
두부백선은 피부사상균(무좀균)에 의한 피부감염에 의해 발생하는 것으로, 두부 부위에 나타나는 것을 의미한다. 일종의 버짐과 같은 형태로 두개피에 발생하는 전염성 피부염, 두상 전체에 발생할 수 있고 과다한 각질과 전염성이 있으며, 주로 어린아이에게 많이 보인다.

15. 탈모의 원인이 아닌 것을 고르시오.

① 임신에 따른 호르몬 변화
② 두개피 마사지
③ 땀이나 피지 등이 모공을 막을 경우
④ 두개피의 혈액순환 장애

16. 탈모의 원인에 해당하지 않은 것은?

① 스트레스 ② 호르몬 불균형
③ 규칙적인 운동 ④ 환경오염

17. 주로 여성에게 많이 일어나고 외부의 기계적 기구나 손에 의한 자극으로 일어나는 탈모증은?

① 비강성 탈모 ② 결발성 탈모
③ 압박성 탈모 ④ 접촉성 탈모

설명
결발성 탈모는 모근부 모발에 약 80g 이상 고착력이 가해져 생기는 현상의 일종이다. 모근 손상이 올 수 있으며, 심각한 경우 부분적인 영구탈모 현상이 나타날 수 있다.

18. 탈모에 대한 사전 증상에 관한 설명으로 틀린 것을 고르시오.

① 모발이 가늘어지는 느낌이 든다.
② 두개피가 당기고 가렵고 비듬이 생긴다.
③ 유분이 증가하고 모발 성장이 더디다.
④ 모발이 잘 끊어진다.

19. 다음 중 선천성 탈모에 해당하는 것은?

① 유전형 탈모
② 남성호르몬성 탈모
③ 여성호르몬성 탈모
④ 고열 후의 탈모

20. 에스트로겐이 증가해 생리를 멈추고, 에스트로겐의 분비가 정상으로 돌아오면서 탈모가 진행되는 증상은?

① 유전형 탈모　② 남성형 탈모
③ 여성형 탈모　④ 산후 탈모

설명
출산 후 탈모의 원인으로 임신을 하면 여성호르몬인 에스트로겐이 증가해 생리를 멈추고 임신을 유지한다. 여성호르몬의 영향으로 머리카락이 빠지지 않고 있다가 출산 후 약 2~5개월 후에 에스트로겐의 분비가 정상으로 돌아오면서 산후 탈모가 시작된다.

21. 모발의 성장주기에 따라 성장을 멈춘 모발이 자연스럽게 빠지는 현상은?

① 이상 탈모　② 산후 탈모
③ 자연 탈모　④ 성장기 탈모

22. 다음 설명에 해당하는 것을 고르시오.

전염성 피부병, 모발이 끊어지게 되며 그 자리에 그루터기가 남는다.

① 두부백선
② 건선
③ 접촉성 피부염에 의한 탈모
④ 지루성 탈모

23. 다음 탈모증 중 휴지기성 탈모증이 아닌 것은?

① 견인성 탈모
② 분만 후, 피임약에 의한 탈모
③ 내분비질환에 의한 탈모
④ 두부백선

24. 탈모 예방과 지연을 위한 방법이 아닌 것은?

① 두개피 타입에 맞는 샴푸를 선택해서 사용한다.
② 영양 공급을 위해 동물성 지방을 많이 섭취한다.
③ 규칙적인 식생활을 한다.
④ 두개피와 모발을 항상 청결하게 한다.

25. 다음 설명에 해당하는 것을 고르시오.

전립선 비대증 치료제로 사용, 의사 처방전이 필요, 평생 지속적으로 복용. 단점으로 성욕감퇴, 발기부전 나타난다.

① 프로페시아　② 미녹시딜
③ 판토가　④ 소팔메토

26. 비듬균의 이상증식으로 인해 생성된 비듬이 원인으로 누구에게나 나타날 수 있는 탈모 증상은?

① 유전형 탈모 ② 노인성 탈모
③ 비강성 탈모 ④ 결발성 탈모

설명
비강성 탈모는 비듬균의 이상증식으로 인해 생성된 비듬이 원인으로 누구에게나 나타날 수 있는 환경적 요인의 탈모이다. 그러나 비듬이 존재한다고 모두 탈모로 이어지는 것은 아니며, 어느 날 갑자기 발생할 경우, 비강성 탈모의 위험성이 높아진다.

27. 모모세포 및 모유두의 기능이 서서히 둔화하여 나타나는 현상으로 두상 전체에서 서서히 모발이 가늘어지는 형태를 보이는 탈모는?

① 유전형 탈모 ② 노인성 탈모
③ 비강성 탈모 ④ 결발성 탈모

설명
노인성 탈모는 일반적으로 약 60세 이후에 나타나는 것으로 하루 평균 탈모량이 정상적인 성인의 탈모량에 비해 약 50본 정도 많이 빠지며, 체질 및 건강 상태 등에 따라 차이를 가지고 있다.

28. 압박성 탈모에 관한 설명으로 틀린 것을 고르시오.

① 보통 6~7주 후에 일어나는 탈모 형태이다.
② 경증일 때 휴지기 모의 탈모 형태로 나타난다.
③ 두개피의 압박 때문에 발생한다.
④ 수술 시 두부를 고정하고 난 후 받은 압박 형태이다.

29. 모낭충에 의한 탈모에 관한 설명으로 틀린 것을 고르시오.

① 모낭과 피지선에 기생한다.
② 1~2cm 크기의 진드기류이다.
③ 모공에 염증을 일으켜 탈모를 유발한다.
④ 데모덱스 후리큘럼과 데모덱스 브레비스 두 종류이다.

30. 피나스테리드의 효과에 관한 설명으로 틀린 것을 고르시오.

① 보통 3개월 복용 후에 효과를 볼 수 있다.
② 디하이드로테스토스테론 호르몬의 생성을 억제한다.
③ 의사의 처방이 요구되고 일평생 지속적으로 복용해야 한다.
④ 남성의 30%가 모발을 두껍게 하며, 80%가 탈모를 안정화한다.

설명
효과는 보통 6개월 복용 후에 효과를 볼 수 있다. 디하이드로테스토스테론 호르몬의 생성을 억제한다. 의사의 처방이 요구되고 일평생 지속적으로 사용해야 한다. 보통 남성의 30%가 모발을 두껍게 한다. 80%가 탈모를 안정시킨다.

기출문제

◆ 신경학 ◆

01. 신경계가 담당하는 역할에 대하여 잘못 설명한 것을 고르시오.

① 내·외부로부터의 자극과 환경변화에 적절하게 반응하게 한다.

② 감지된 정보를 저장된 정보와 비교·분석하여 대응하는 기능을 수행한다.

③ 신경계는 중추신경계와 교감신경계로 구분한다.

④ 말초신경계는 중추신경계의 통신망 기능을 한다.

설명

사람의 인체는 내 · 외부로부터의 자극과 환경변화에 적절하게 반응을 하는 중요한 기관이 신경계(Nervous system)이다. 이러한 내 · 외부 자극에 감지, 감지된 정보를 저장된 정보와 비교 · 분석하여 대응하는 기능을 수행한다. 인체에 존재하는 신경계는 말초신경에서 전달된 자극에 대해 반응을 하는 중추신경계와 중추신경계의 통신망 기능을 하는 말초신경계로 구성된다.

02. 다음 중 ( )안에 들어갈 내용으로 맞는 것을 고르시오.

> 중추신경계는 ( )에 존재하며, 인체 자극에 대한 흥분의 중심부 기능을 수행한다.

① 뇌와 골수 ② 뇌와 척수

③ 뇌와 척추 ④ 뇌와 뇌수

설명

중추신경계(Central Nervous System, CNS)는 뇌와 척수에 존재하며, 인체 자극에 대한 흥분의 중심부 기능을 수행한다.

03. 중추신경계에 존재하지 않는 기관을 고르시오.

① 뇌두강 ② 감각뉴런

③ 교감신경 ④ 연합뉴런

설명

중추신경계(Central Nervous System, CNS)는 뇌두강, 척주관, 감각뉴런, 운동뉴런, 연합뉴런이 있다.

04. 감각뉴런이 담당하는 기능에 대해 바르게 설명한 것을 고르시오.

① 자극을 전기신호의 형태로 중추신경계로 전달한다.

② 전달된 전기신호로 종합적인 판단을 한다.

③ 전기신호의 형태로 실제 작동하는 반응기에 전달한다.

④ 자극을 처리한 후 운동뉴런을 통해 반응을 내놓는다.

설명

감각뉴런은 감각기관(Sensory neuron)을 통하여 자극을 생성하게 되고, 이러한 자극은 전기신호의 형태로 중추신경계로 전달하여 그에 맞는 반응을 하게 된다.

05. 운동뉴런이 담당하는 기능을 모두 고르시오.

① 자극을 전기신호의 형태로 중추신경계로 전달한다.

② 전달된 전기신호로 종합적인 판단을 한다.

③ 전기신호의 형태로 실제 작동하는 반응기에 전달한다.

④ 자극을 처리한 후 운동뉴런을 통해 반응을 내놓는다.

설명
운동뉴런(Motor neuron)은 감각기관을 통해 들어온 생체신호는 중추신경계의 연합뉴런에 전달, 종합적인 판단을 하게 되는데, 이러한 결과는 다시 전기신호의 형태로 실제 작동하는 반응기(Effector)에 전달된다.

06. 연합뉴런이 담당하는 기능을 모두 고르시오.

① 자극을 전기신호의 형태로 중추신경계로 전달한다.

② 전달된 전기신호를 종합적으로 판단하고 분석한다.

③ 전기신호의 형태로 실제 작동하는 반응기에 전달한다.

④ 자극을 처리한 후 운동뉴런을 통해 반응을 내놓는다.

설명
연합뉴런은 감각뉴런을 통해 자극이 들어오게 되면 중추신경계는 그 자극을 처리한 후 운동뉴런을 통해 반응을 내놓게 된다.

07. 대뇌의 기능에 관한 설명으로 틀린 것을 고르시오.

① 운동 조절기능

② 감각 인식 및 해석기능

③ 체온 조절기능

④ 호르몬분비기능

설명
대뇌의 기능은 운동 조절기능, 감각 인식 및 해석기능, 언어전달기능, 항상성 유지, 학습과 기억기능, 호르몬분비기능을 하며, 체온 조절은 시상하부의 기능이다.

08. 다음 설명에 해당하는 것을 고르시오.

대뇌 피질에서 수행하며, 전두엽의 브로카 영역에서 언어의 발성을, 측두엽의 베르니케 영역에서는 언어의 이해를 담당한다.

① 운동 조절기능

② 감각 인식 및 해석기능

③ 호르몬분비기능

④ 언어전달기능

09. 다음 중 ( )안에 들어갈 내용으로 맞는 것을 고르시오.

소뇌는 중추신경계의 일부분으로 대뇌의 기능을 보조하여 자발적인 운동 조절과 평형을 유지하는 기관으로, 조화로운 운동이 가능하게 하고 (　　)을 잡는데 중추적인 역할을 한다.

① 언어의 균형　　② 몸의 균형

③ 사고의 균형　　④ 호르몬 균형

설명

소뇌(Cerebellum)는 중추신경계의 일부분으로 대뇌의 기능을 보조하여 자발적인 운동 조절과 평형을 유지하는 기관으로, 조화로운 운동이 가능하게 하고, 몸의 균형을 잡는데 중추적인 역할을 한다.

10. 간뇌는 뇌의 가장 앞쪽부위에 속해 있으며, 감각 정보를 수용하여 대뇌 피질로 전달하는 기능을 한다. 간뇌의 부위에 해당하지 않는 것을 고르시오.

① 시상상부 ② 시상중부
③ 시상후부 ④ 시상하부

설명

간뇌(Diencephalon)는 뇌의 가장 앞쪽의 부위에 속하는 부분으로 시상, 시상상부, 시상후부, 시상하부로 나뉜다. 간뇌는 감각 정보를 수용하여 대뇌 피질로 전달하는 기능을 한다.

11. 다음 설명에 해당하는 것을 고르시오.

뇌간과 전뇌 사이에 위치하고, 고삐와 송과선을 포함하는 시상상부, 자율신경과 연결된 시상하부와 연결되어 있다.

① 시상상부 ② 시상밑부
③ 시상후부 ④ 시상

설명

시상은 뇌간과 전뇌 사이에 위치하고, 고삐와 송과선을 포함하는 시상상부, 자율신경과 연결된 시상하부와 연결되어 있다. 시상은 다양한 지각신경을 대뇌 피질의 지각신경 영역에 전달하는 기능을 하며, 후각을 제외한 모든 감각(촉각, 압각, 온각, 냉각, 통각)이 잠시 시상에 머물다 대뇌 피질로 전달된다.

12. 다음 설명에 해당하는 것을 고르시오.

생체주기를 조절하는 기능의 송과체, 후각반사와 관련이 있는 고삐삼각, 동공반사에 관여하는 섬유들로 구성된 뒤교차연결 등으로 이루어진다.

① 시상상부 ② 시상밑부
③ 시상후부 ④ 시상

설명

시상상부는 대뇌의 안쪽이면서 중뇌의 앞부분에 있다. 뇌간의 가장 윗부분에 있으며 제3 뇌실을 사이에 두고 양옆에 존재한다. 대뇌 피질과 연결되어 있고, 뇌실의 측벽을 구성한다. 생체주기를 조절하는 기능의 송과체, 후각 반사와 관련이 있는 고삐삼각, 동공반사에 관여하는 섬유들로 구성된 뒤 교차연결 등으로 이루어진다.

13. 다음 설명에 해당하는 것을 고르시오.

청각중계 중추와 시각중계 중추로 구성되어 있다.

① 시상상부 ② 시상밑부
③ 시상후부 ④ 시상

설명

시상의 뒤쪽에 위치하고 청각중계 중추와 시각중계 중추로 구성되어 있다.

14. 시상하부의 기능으로 다른 것을 고르시오.

① 체온 조절기능
② 식욕 조절기능
③ 운동 조절기능
④ 수분대사 조절기능

설명

인체 내에 들어오는 다양한 정보를 수용하여 신경 또는 내분비적으로 반응하는 기능을 한다. 컴퓨터의 중앙처리장치와 같은 부분으로 간뇌 내에 존재하고 있다. 시상하부는 시신경이 교차하는 위쪽에 위치하며, 시상하부 아래는 뇌하수체와 연결되어 뇌하수체전엽을 조절하는 기능을 한다. 시상하부는 생명 유지에 있어 절대적으로 필요한 내분비기관인 동시에 신경중추로 펩타이드 구조의 호르몬을 분비한다.
시상하부의 기능은 체온조절의 기능, 자율신경계 조절기능, 뇌하수체전엽 조절기능, 뇌하수체후엽 조절기능, 식욕 조절기능, 수분대사 조절기능, 정서활동 조절기능 등을 한다.

15. 다음 설명에 해당하는 것을 고르시오.

뇌와 함께 중추신경계의 일부이며, 몸과 뇌 사이의 중추적인 정보소통경로이다.

① 중뇌 ② 연수
③ 간뇌 ④ 척수

설명

척수(Spinal cord)는 뇌와 함께 중추신경계의 일부이며, 몸과 뇌 사이의 중추적인 정보소통경로이다. 또한 척수는 들어오는 정보를 통합하여 직접 명령을 내보내는 척수반사(Spinal reflex) 조절도 한다. 척추 내에 위치하는 중추신경의 일부분으로 감각, 운동 신경들이 모두 포함된다.

16. 다음 설명에 해당하는 것을 고르시오.

중추신경계에서 뻗어 나와 온몸으로 퍼져나간다. 말초신경이 출발하는 장소에 따라서 12쌍의 뇌신경과 31쌍의 척수신경으로 구분한다.

① 말초신경계 ② 중추신경계
③ 교감신경계 ④ 부교감신경계

설명

말초신경계(Peripheral nervous system)는 중추신경계에서 뻗어 나와 온몸으로 퍼져 나간다. 말초신경이 출발하는 장소에 따라서 12쌍의 뇌신경과 31쌍의 척수신경으로 구분한다.

17. 뇌신경 중 제2 뇌신경은 몇 개의 신경섬유로 이루어져 있는가?

① 100만 개 ② 110만 개
③ 120만 개 ④ 130만 개

18. 척수신경은 척수 앞뿔 쪽의 운동신경과 뒷뿔 쪽의 감각신경, 자율신경 일부가 합쳐진 신경이다. 각 척추뼈 사이에서 갈라져 나오며 총 몇 쌍의 신경이 존재하는가?

① 30 ② 31 ③ 32 ④ 33

설명

척수신경(Spinal nerve)은 척수 앞뿔 쪽의 운동신경과 뒷뿔 쪽의 감각신경, 자율신경 일부가 합쳐진 신경으로, 각 척추뼈 사이에서 갈라져 나오고 총 31쌍이 존재한다. 신경이 나오는 부위에 따라 경수신경 8쌍, 흉수신경 12쌍, 요수신경 5쌍, 천수신경 5쌍, 미수신경 1쌍으로 구분된다.

19. 다음 설명에 해당하는 것을 고르시오.

> 운동신경으로 안면의 표정근을 지배하는 운동신경과 미각에 관여하는 지각신경 및 부교감신경 섬유가 포함된 혼합신경이다.

① 제3 뇌신경 ② 제6 뇌신경
③ 제7 뇌신경 ④ 제11 뇌신경

20. 다음 중 ( )안에 들어갈 내용으로 맞는 것을 고르시오.

> 부교감신경은 교감신경과 길항작용을 하는 것으로 부교감신경이 긴장하면 동공은 축소하고, ( )의 분비는 증가한다.

① 침액 ② 콧물
③ 땀 ④ 눈물

21. 중추신경계에 대하여 설명하시오.

서술형

22. 대뇌의 기능에 대하여 설명하시오.

서술형

23. 간뇌의 기능에 대하여 설명하시오.

서술형

24. 척수에 대하여 설명하시오.

서술형

25. 자율신경에 대하여 설명하시오.

서술형

26. 교감신경에 대하여 설명하시오.

서술형

27. 부교감신경에 대하여 설명하시오.

서술형

기출문제

◆ 호르몬학 ◆

01. 애디슨병은 어떤 활동이 저하할 때 나타나는지 고르시오.

① 부신수질 ② 갑상선
③ 부신피질 ④ 코티솔

설명
탈모에 있어서 부신피질 호르몬이 미치는 영향은 남성형 탈모의 경우 직접적인 요인은 없지만, 이차적인 영향에 의해 여타의 탈모 현상 및 두개피 문제 등이 나타날 수 있다. 부신피질 저하 시 확산성 탈모, 빈혈이 생기며, 겨드랑이털 감소, 극도의 신경 쇠약, 피부 기미 현상이 나타난다. 피로감과 함께 체중이 저하, 애디슨병의 원인이 될 수 있다.

02. 다음 설명에 해당하는 것을 고르시오.

> 과다한 발한과 피지생성, 체중감소, 체온이 높아지고 열에 민감함

① 갑상선항진증 ② 지루성 탈모증
③ 갑상선저하증 ④ 쿠싱증후군

설명
갑상선항진증은 갑상선 기능이 과도로 활동하고 있는 상태로 기초대사의 증가에 따른 갑상선증, 자율신경계의 장애, 크레아틴(Creatine) 대사의 장애를 특징으로 한다.
탈모 관련 증상 : 과다한 발한과 피지생성, 체중감소, 체온이 높아짐으로써 열에 대해 민감, 신경질, 근육 허약, 반짝이는 눈, 갑상선종의 특징이 있다.

03. 다음 설명에 해당하는 것을 고르시오.

> 체중이 증가하고 육체적 기력 감소, 건조한 모발과 피부, 확산성 탈모증을 일으키며 겨드랑이털과 음모가 적어짐

① 갑상선항진증 ② 갑상선저하증
③ 건선 ④ 산후 탈모

설명
갑상선저하증은 성인에게서는 여성에게 많으며, 기초대사율의 감소로 인한 체중의 증가, 권태감, 무기력, 추위에 대한 민감 및 월경 이상 등의 특징을 갖는다. 탈모 관련 증상은 확산성 탈모증을 일으키며, 겨드랑이털과 음모가 적어지는 경향이 있다.

04. 멜라토닌의 작용으로 틀린 것을 고르시오.

① 노화 및 산화 방지
② 생체리듬 조절
③ 성선자극호르몬 생성
④ 성장호르몬 조절

설명
간뇌의 송과선에서 세로토닌에 의해 생성되는 물질로 산화 방지물질이며, 테스토스테론, 성장호르몬, 코티솔 등의 호르몬분비에 관여한다. 멜라토닌은 일조량이 짧아지는 겨울철에 많이 분비되며, 체내에서 저지방 콜레스테롤의 수치를 낮추고, 신체 리듬 조절, 노화 방지 등의 기능을 한다. 성선자극호르몬은 뇌하수체전엽호르몬이다.

05. 다음 중 모발과 관계없는 호르몬을 고르시오.

① 갑상선호르몬 ② 코티솔
③ 성호르몬 ④ 임파선

06. 호르몬의 생성방식에 따른 종류로 맞지 않는 것을 고르시오.

① 측분비호르몬 ② 내분비호르몬
③ 자가분비호르몬 ④ 갑상선호르몬

설명
호르몬은 생성되는 방식에 따라 내분비호르몬, 측분비호르몬, 자가분비호르몬으로 구분된다.

07. 내분비호르몬으로 맞지 않는 것을 고르시오.

① 췌장에서 분비되는 인슐린, 글루카곤이 있다.
② 갑상선에서 분비되는 갑상선호르몬이 있다.
③ 시상하부에서 분비되는 방출호르몬이 있다.
④ 뇌하수체전엽에서 분비되는 성장호르몬이 있다.

설명
내분비호르몬은 췌장에서 분비되는 인슐린, 글루카곤, 부신피질에서 분비되는 부신피질호르몬, 뇌하수체전엽에서 분비되는 성장호르몬, 갑상선에서 분비되는 갑상선호르몬, 난소에서 분비되는 에스트로겐, 고환에서 분비되는 테스토스테론이 있다.

08. 내분비호르몬에 해당하는 것을 고르시오.

① 성선자극호르몬
② 갑상선호르몬
③ 황체자극호르몬
④ 갑상선자극호르몬

09. 측분비호르몬에 해당하는 것을 모두 고르시오.

① 엔도르핀 ② 멜라토닌
③ 세라토닌 ④ 인슐린

설명
측분비호르몬은 시상하부에서 뇌하수체로 방출되는 호르몬과 같이 혈액을 통해 분비되지 않고, 미리 정해져 있는 짧은 경로를 통해 방출되는 호르몬을 말한다. 송과체에서 분비되는 멜라토닌, 세라토닌이 있으며, 시상하부에서 분비되는 방출호르몬이 있다.

10. 다음 설명에 해당하는 것을 고르시오.

에이코사노이드는 세포와 세포 사이에 정보전달이라는 역할을 하는 호르몬으로 여타의 모든 호르몬에 영향을 미치며, 노화에 따른 내분비호르몬 감소 시 호르몬의 정보전달에 관여한다.

① 측분비호르몬 ② 내분비호르몬
③ 자가분비호르몬 ④ 뇌하수체호르몬

설명

자가분비호르몬은 생체 내 세포의 분비물을 통해 작용하는 호르몬으로 세포에서 합성되는 생리활성물질인 에이코사노이드(Eicosanoide)가 대표적인 자가분비호르몬이다. 에이코사노이드는 세포와 세포 사이에 정보전달이라는 역할을 하는 호르몬으로 여타의 모든 호르몬에 영향을 미치며, 노화에 따른 내분비호르몬 감소 시 호르몬의 정보전달에 관여한다.

11. 다음 설명에 해당하는 것을 고르시오.

체내호르몬의 분비를 조율하는 호르몬으로 전반적인 신진대사 운영에 중요한 작용을 한다고 말할 수 있다.

① 측분비호르몬 ② 내분비호르몬
③ 자가분비호르몬 ④ 뇌하수체호르몬

12. 다음 설명에 해당하는 것을 고르시오.

단백성(폴리펩티드)의 호르몬으로, 뼈의 성장, 단백질합성 등 대사를 촉진하여 성장을 촉진한다.

① 성장호르몬
② 갑상선자극호르몬
③ 성선자극호르몬
④ 황체자극호르몬

설명

성장호르몬(Growth hormone, GH) : 단백성(폴리펩티드) 호르몬으로, 뼈의 성장, 단백질합성 등 대사를 촉진하여 성장을 촉진한다.

13. 다음 설명에 해당하는 것을 고르시오.

여성에서는 난포자극호르몬과 황체형성호르몬이 있고, 난소에 작용하며 상호보완적으로 난포의 성숙, 배란을 재촉하여 황체를 형성시킨다.

① 성장호르몬
② 갑상선자극호르몬
③ 성선자극호르몬
④ 황체자극호르몬

14. 황체자극호르몬에 관하여 맞는 것을 고르시오.

① 유선의 발육을 촉진시킨다.
② 글루코코르티코이드를 분비시킨다.
③ 전신의 세포에 작용하여 산화를 촉진시킨다.
④ 뼈의 성장, 단백질합성 등 대사를 촉진하여 성장을 촉진한다.

15. 다음 설명에 해당하는 것을 고르시오.

멜라닌세포자극호르몬이 분비되어 멜라닌세포의 멜라닌과립을 세포 내에 확산시킨다고 한다.

① 뇌하수체 전엽호르몬
② 뇌하수체 중엽호르몬
③ 뇌하수체 후엽호르몬
④ 부신피질호르몬

설명

멜라닌세포자극호르몬(Melanocyte stimulating hormone)이 분비되어 멜라닌세포의 멜라닌과립을 세포 내에 확산시킨다고 한다.

16. 다음 중 남성호르몬에 관하여 틀린 것을 고르시오.

① 근육 형성, 체형, 지방 분포 및 피지분비에 영향을 준다.

② 수염, 체모, 성기, 후두의 형성과 성장에 영향을 준다.

③ 정자생성 및 성욕 증진과 월경, 음낭의 성장 작용을 한다.

④ 심근경색과 골다공증을 예방한다.

설명

남성호르몬의 작용은 근육 형성, 체형, 지방 분포 및 피지분비에 영향, 수염, 체모, 성기, 후두의 형성과 성장에 영향, 정자생성 및 성욕 증진과 월경, 음낭의 성장 작용을 한다.

17. 뇌하수체 후엽호르몬으로 틀린 것을 고르시오.

① 성선자극호르몬　② 항이뇨호르몬

③ 옥시토신　④ 엔도르핀

설명

뇌하수체 후엽호르몬의 종류는 항이뇨호르몬(Antidiuretic hormone, ADH), 옥시토신(Oxytocin), 엔도르핀(Endorphin)이 있다.

18. 다음 설명에 해당하는 것을 고르시오.

> 모르핀을 대표로 하는 마약성 진통약의 수용체인 오피에이트(아편제) 수용체에 특이하게 결합한다.

① 성선자극호르몬　② 항이뇨호르몬

③ 옥시토신　④ 엔도르핀

설명

엔도르핀(Endorphin)은 뇌하수체 후엽호르몬으로 모르핀과 같은 물질로 1976년에 동물 뇌의 시상하부 뇌하수체 후엽에서 추출된 물질을 분석한 결과 모르핀과 같은 펩타이드 성분이 확인되었다. 모르핀을 대표로 하는 마약성 진통약의 수용체인 오피에이트(아편제) 수용체에 특이하게 결합한다.

19. 부신피질 저하 시 나타나는 현상을 고르시오.

① 쿠싱증후군의 원인이 될 수 있다.

② 체중 증가에 따른 과도한 지방이 축적된다.

③ 애디슨병의 원인이 될 수 있다.

④ 황체의 유지 및 분비를 촉진시킨다.

설명

부신피질 저하 시, 확산성 탈모가 나타나며, 빈혈이 생긴다. 겨드랑이털이 감소한다. 신경이 극도로 쇠약해진다. 피부 기미 현상이 나타난다. 피로감과 함께 체중이 저하된다. 애디슨병의 원인이 될 수 있다.

20. 다음 중 ( )안에 들어갈 내용으로 맞는 것을 고르시오.

> 간뇌의 ( )에서 세로토닌에 의해 생성되는 물질로 일몰 후 분비되는 호르몬으로 강력한 산화 방지물질이며, 테스토스테론, 성장호르몬, 코티솔 등의 호르몬 분비에 관여한다.

① 송과선 ② 소뇌
③ 시상 ④ 시상하부

21. 호르몬의 역할에 관하여 서술하시오.

서술형

기출문제

◆ 영양학 ◆

01. 5대 영양소에 관한 설명으로 틀린 것을 고르시오.

① 비타민 ② 탄수화물
③ 단백질 ④ 아미노산

설명
음식 등을 섭취하여 혈액과 근육, 뼈, 피부, 모발 등 여러 가지 체내성분을 합성한다. 인체의 성장발달에 필수적인 물질로서 에너지를 공급하며, 사람의 생명과 건강을 유지시켜 주는 역할을 한다. 이를 구성하는 5대 영양소에는 탄수화물, 단백질, 지방, 비타민, 무기질이 있다.

02. 탄수화물의 단당류에 관한 설명으로 틀린 것을 고르시오.

① 포도당 ② 맥아당
③ 과당 ④ 갈락토오스

설명
탄수화물(Carbohydrates)은 체세포에 에너지를 공급시키는 중요한 역할로, 에너지 공급의 주된 요인이 대부분의 탄수화물에서 얻어지는 포도당이다. 당질은 가수분해가 되어 생성되는 단당류의 수에 따라 단당류와 이당류, 다당류 등으로 분류한다. 단당류는 한 분자의 당으로만 이루어졌으며, 포도당, 과당, 갈락토오스가 있다. 이당류는 맥아당과 자당, 유당이 있다.

03. 탄수화물의 다당류에 관한 설명으로 틀린 것을 고르시오.

① 전분 ② 글리코겐
③ 식이섬유소 ④ 유당

설명
다당류는 여러 분자의 단당류가 결합된 것으로 전분과 글리코겐이 있고 식생활에서 가장 많이 섭취하는 식이섬유소이다. 다당류는 전분, 글리코겐, 식이섬유소가 있다.

04. 다음 중 필수 아미노산이 아닌 것을 고르시오.

① 리신 ② 페닐알라닌
③ 트레오닌 ④ 티로신

설명
필수 아미노산은
아르기닌(Arginine) 히스티딘(Histidine), 이소루이신(Isoleucine) 루이신(Leucine), 리신(Lysine), 메티오닌(Methionine), 페닐알라닌(Phenylalanine), 트레오닌(Threonine), 트립토판(Tryptophan) 발린(Valine)이 있다.

05. 다음 중 비필수 아미노산이 아닌 것을 고르시오.

① 아스파라긴산 ② 시스테인
③ 글리신 ④ 발린

06. 지용성 비타민인 비타민 A의 결핍으로 나타나는 증상을 고르시오.

① 야맹증, 두개피 건조증 및 각질, 모공각화증

② 구루병, 골다공증, 건선경화증

③ 성장 불량, 근육 및 신경세포의 손상, 적혈구 용혈빈혈

④ 습진, 피부염, 혈액 응고 지연

설명

비타민 A는 부신과 갑상선기능, 골격 성장, 항산화 작용을 하며, 부족하면 야맹증, 두피 건조증 등이 나타나고, 많으면 피부 및 모발 건조, 피부 박리 등이 나타난다.

07. 나트륨 결핍으로 나타나는 증상을 고르시오.

① 피부 건조, 피곤함, 근육 약화, 내분비장애, 구루병

② 저혈압, 집중력 저하, 피로감, 불안, 근육경련

③ 소화흡수 저하

④ 신경질환, 권태감, 두피 탄력 저하, 변비, 불면증

설명

나트륨(Na)은 근육의 자극 및 수축, 체내 수분 순환 등의 작용을 하며, 부족하면 저혈압, 집중력 저하, 피로감, 불안, 근육경련 등이 나타난다.

08. 칼륨 결핍으로 나타나는 증상을 고르시오.

① 피부 건조, 피곤함, 근육 약화, 내분비장애, 구루병

② 저혈압, 집중력 저하, 피로감, 불안, 근육경련

③ 소화흡수 저하

④ 신경질환, 권태감, 두피 탄력 저하, 변비, 불면증

설명

칼륨(K)은 세포액의 보전 및 정상적인 삼투압과 수분의 균형유지 등의 작용을 하며, 부족하면 신경질환, 권태감, 두피 탄력 저하, 불면증 등이 나타난다.

09. 황 결핍으로 나타나는 증상을 고르시오.

① 피부 건조, 피곤함, 근육 약화, 내분비장애, 구루병

② 모발이나 피부, 손톱을 약하고 거칠게 함

③ 소화흡수 저하

④ 신경질환, 권태감, 두피 탄력 저하, 변비, 불면증

설명

황(S)은 조직의 호흡작용, 생물적 산화 과정에 관여 등의 작용을 하며, 모발이나 피부, 손톱을 약하고 거칠게 한다.

10. **피로, 불면증, 고혈압, 당뇨, 탈모, 모발 약화, 백모와 같은 증상이 나타나면 어떠한 미네랄이 체내에서 부족 시 나타나는가?**

① 마그네슘 ② 인
③ 마간 ④ 철

11. **골다공증, 탈모, 골격 및 치아, 손톱이 약해짐, 근육통, 심장 두근거림, 불면증과 같은 증상은 어떤 무기질이 체내에서 부족할 때 나타나는가?**

① 칼슘 ② 마그네슘
③ 황 ④ 칼륨

12. **탄수화물의 최종분해 산물은 무엇인가?**

① 아미노산 ② 글리세롤
③ 포도당 ④ 글리코겐

13. **다음은 미량 무기질 중 철 작용에 대한 설명으로 맞는 것을 고르시오.**

① 갑상선호르몬의 합성, 성장, 세포 대사에 관여, 기초대사율 조절
② 산소운반, 탄산가스 제거
③ 지방질 및 탄수화물 대사에 관여, 갑상선 호르몬 생산
④ 콜레스테롤의 신진대사에 관련, 혈관 벽의 탄력성

14. **다음은 미량 무기질 중 요오드 작용에 대한 설명으로 맞는 것을 고르시오.**

① 갑상선호르몬의 합성, 성장, 세포 대사에 관여, 기초대사율 조절
② 산소운반, 탄산가스 제거
③ 지방질 및 탄수화물 대사에 관여, 갑상선 호르몬 생산
④ 콜레스테롤의 신진대사에 관련, 혈관 벽의 탄력성

15. **다음은 미량 무기질 중 셀레늄 작용에 대한 설명으로 맞는 것을 고르시오.**

① 단백질과 탄수화물 대사에 관여, 상처 회복, DHT의 대사에 관여
② 세포막 유지, 항산화제 항체 형성과 아미노산 대사에 작용
③ 지방질 및 탄수화물 대사에 관여, 갑상선 호르몬 생산
④ 콜레스테롤의 신진대사에 관련, 혈관 벽의 탄력성

16. **다음은 지용성비타민 중 비타민 A의 작용으로 맞는 것을 고르시오.**

① 부신과 갑상선기능, 시력과 상피세포기능 유지, 골격 성장, 항산화제 작용
② 탈모 후 모발재생, 뼈 성장, 칼슘과 인의 대사 관여
③ 피부 노화방지, 혈액순환 촉진, 항산화제, 세포 호흡
④ 혈액 응고, 세포 신진대사의 산화

17. 다음은 지용성 비타민 중 비타민 D의 작용으로 맞는 것을 고르시오.

① 부신과 갑상선기능, 시력과 상피세포기능 유지, 골격 성장, 항산화제 작용
② 탈모 후 모발재생, 뼈 성장, 칼슘과 인의 대사 관여
③ 피부 노화 방지, 혈액순환 촉진, 항산화제, 세포 호흡
④ 혈액 응고, 세포 신진대사의 산화

설명
비타민 D(칼시페놀)는 탈모 후 모발재생, 뼈 성장, 칼슘과 인의 대사에 관여하고, 부족하면 구루병, 골다공증, 건선경화증 등이 나타나며, 많으면 탈모, 구토, 신장이나 심장 손상 등이 나타난다.

18. 다음은 무기질 인이 풍부하게 함유된 식품을 고르시오.

① 우유 ② 젓갈
③ 육류 ④ 양조용 효모

설명
인(P)이 풍부한 식품은 우유, 유제품, 곡류, 콩류, 미꾸라지, 해조류 등이 있다.

19. 다음은 무기질 나트륨이 풍부하게 함유된 식품을 고르시오.

① 곡류 ② 김치
③ 생선 ④ 오렌지

설명
나트륨(Na)이 풍부한 식품은 젓갈, 김치, 간장, 가공식품, 짠 음식 등이 있다.

20. 다음은 무기질 마그네슘이 풍부하게 함유된 식품을 고르시오.

① 양파 ② 바나나
③ 통밀 ④ 아스파라거스

설명
마그네슘(Mg)이 풍부한 식품은 견과류, 코코아, 대두, 통밀, 해조류 등이 있다.

21. 다음은 무기질 염소가 풍부하게 함유된 식품을 고르시오.

① 달걀 ② 간장
③ 미꾸라지 ④ 해조류

설명
염소(Cl)가 풍부한 식품은 육류, 생선, 곡류, 콩류, 채소, 달걀, 견과류 등이 있다.

22. 다음은 무기질 황이 풍부하게 함유된 식품을 고르시오.

① 해조류 ② 짠 음식
③ 견과류 ④ 치즈

설명
황(S)이 풍부한 식품은 양파, 마늘, 치즈, 유제품, 아스파라거스 등이 있다.

23. 다음 미량 무기질 중 철이 풍부하게 함유된 식품을 고르시오.

① 육류 ② 해조류
③ 곡류 시리얼 ④ 굴

> **설명**
> 철(Fe)은 인체 내에 미량으로 존재하나 매우 중요한 필수 영양소이며, 철분은 체내에 산소를 공급해 주는 헤모글로빈의 구성 성분으로 산소를 각 조직으로 운반해 주는 역할을 한다. 철이 풍부한 식품은 굴, 시금치, 소고기, 아몬드, 새우, 호박씨, 두부 등이 있다.

24. **다음 미량 무기질 중 망간이 풍부하게 함유된 식품을 모두 고르시오.**

① 해산물 ② 견과류
③ 채소류 ④ 육류

> **설명**
> 망간(Mn)이 풍부한 식품은 땅콩, 호두 등의 견과류와 콩류, 도정하지 않은 곡류로 만든 시리얼 및 전분류, 채소 및 과일류 등이 있다.

25. **다음 미량 무기질 중 셀레늄이 함유되어 있지 않은 식품을 고르시오.**

① 육류 ② 해산물
③ 견과류 ④ 인삼

> **설명**
> 셀레늄(Selenium)이 풍부한 식품은 육류의 살코기나 내장, 해산물, 곡류, 유제품, 과일, 채소 등이 있다.

26. **다음 중금속의 특징이 올바르게 짝지어진 것을 고르시오.**

① 비소 - 조리도구, 탈취제, 식탁용 소금, 일부 재산제
② 납 - 폴리염화비페닐(PCB), 살균제, 치아 충전제, 농약
③ 수은 - 석유, 수도관 파이프, 페인트, 일부 연모제
④ 카드뮴 - 담배와 담배 연기, 살충제, 카드뮴을 함유한 수도관을 따라 흐르는 물

27. **다음 중금속의 작용이 인체에 작용하는 영향이 올바르게 짝지어진 것을 고르시오.**

① 알루미늄 - 변비, 식욕 저하, 에너지 저하, 근육 경련, 기억력 감퇴, 건망증
② 수은 - 두통, 기억력 저하, 신장의 문제, 아이들의 과다활동성, 학습장애
③ 납 - 감각 손상, 식욕과 체중 저하, 불면증, 어지럼증, 두통, 감정적 장애
④ 비소 - 수치가 높으면 신장 손상, 폐 문제, 고혈압, 피로감, 체중감소

28. **하루 물 섭취 권장량은 얼마인가?**

① 1~1.5L ② 1.5~2L
③ 2~2.5L ④ 2.5~3L

29. 두개피 건강을 위해 섭취해야 할 음식을 고르시오.

① 인스턴트식품

② 자양강장제

③ 동물성 지방이 많은 음식

④ 파이토케미컬

30. 단당류의 갈락토스는 어떤 식품에 많이 함유되어 있는가?

① 과일즙 ② 곡류

③ 동물의 유즙 ④ 채소

기출문제

◆ 기기학 ◆

01. 진단기 사용 시 주의사항이 아닌 것을 고르시오.

① 진단기 사용 시 고객의 세정 시간대 체크
② 사용 전 진단기 렌즈 부위 살균, 소독
③ 고객과 일정한 거리 유지
④ 손을 이용한 육안 검사 및 각질량 체크

02. 모발 진단기의 두개피 상태를 확인하기 위해 몇 배율의 렌즈를 사용하는가?

① 100~200배율 ② 200~400배율
③ 400~600배율 ④ 600~800배율

03. 모발 진단기의 모발 상태를 확인하기 위해 몇 배율의 렌즈를 사용하는가?

① 100~200배율 ② 200~400배율
③ 400~600배율 ④ 600~800배율

04. 두개피와 모발기기의 성능이 잘못 연결된 것을 고르시오.

① 확대경 - 두개피 각질, 비듬, 염증상태 등 모발 상태를 확인 가능
② 음파진동기 - 세포를 자극하여 혈액순환 촉진, 두피대사 활성화
③ 갈바닉 - 제품의 흡수에 효과적, 혈액순환 억제
④ 스티머 - 노화된 각질 및 노폐물 연화

05. 다음 설명에 해당하는 것을 고르시오.

- 원리 : 수분공급을 통해 연화작용
- 효과 : 스케일링 시 제품의 연화작용과 부작용을 예방
- 두개피와 모발에 수분공급
- 온열작용을 통한 모공 확장과 혈액순환 촉진

① 스티머 ② 저주파
③ 워터펀치 ④ 고주파

06. 다음 설명에 해당하는 것을 고르시오.

- 원리 : 10kHz 이하의 교류 전류 이용
- 효과 : 근육의 통증 및 신경조직 자극하여 진정
- 혈액순환 촉진시켜 두개피 정상화와 면역력 증가

① 스티머 ② 저주파
③ 워터펀치 ④ 고주파

07. 다음 설명에 해당하는 것을 고르시오.

- 원리 : 수압 및 수류, 진동을 통해 두피세정
- 효과 : 모공주변에 노화된 각질 및 이물질 제거
- 영양분의 모공 내 흡수율을 높임

① 스티머 ② 저주파
③ 워터펀치 ④ 고주파

08. 다음 설명에 해당하는 것을 고르시오.

> • 원리 : 미세음파(분당 120회)에서 강한 음파(분당 480회)의 진동
> • 효과 : 경혈, 근막, 두피 및 얼굴 등 음파진동을 통해 뭉친 근육과 신경조직을 자극

① 스티머 ② 적외선
③ 저주파 ④ 고주파

09. 다음 설명에 해당하는 것을 고르시오.

> • 원리 : 10khz 이하의 교류 전류 이용
> • 효과 : 살균 및 소독을 통해 문제성 두개피의 변화 예방
> • 영양흡수 촉진

① 스티머 ② 적외선
③ 저주파 ④ 음파진동기

10. 진단기로 진단을 하는 목적에 해당하는 것을 고르시오.

① 이윤추구
② 생리적, 병리적 원인 파악
③ 제품 판매
④ 전문적 이미지를 남기기 위해

11. 미안술에 사용하는 적외선 등에 관한 설명으로 틀린 것을 고르시오.

① 온열자극을 주어 혈액순환을 촉진시킨다.
② 피부의 조직심부 6mm 정도까지 침투한다.
③ 60cm 떨어진 위치에서 5~7분간 조사한다.
④ 불가시광선으로 파장이 650~1,400mu 이다.

12. 저주파 사용이 가능한 사람은?

① 급성병을 앓고 있는 사람
② 악성종양을 앓고 있는 사람
③ 전염병을 앓고 있는 사람
④ 정상피부인 사람

13. 관리용 기기 사용의 목적이 아닌 것을 고르시오.

① 제품의 효과적인 경피 흡수
② 정확한 분석
③ 제품에 의한 두개피부 트러블 예방
④ 기기의 기능을 이용함으로 두개피 문제점 해결 및 탈모 예방

14. 다음 설명에 해당하는 것을 고르시오.

> • 원리 : 멸균 식염수와 산소가 고압 분사 장치를 통해 두개피에 피지나 노폐물 제거
> • 효과 : 다량의 산소공급
> • 두개피의 신진대사 활성
> • 노화 두개피부 각질을 개선 및 예방

① 스티머 ② 적외선
③ 저주파 ④ 제트필

15. 다음 설명에 해당하는 것을 고르시오.

> • 노즐의 수압과 수류 및 진동을 이용한 세정 작용을 하는 기기
> • 모공주변 피지, 노화, 각질, 이물질 제거
> • 진동을 통한 두피마사지는 혈액순환 촉진

① 스티머 ② 적외선
③ 저주파 ④ 두피세정기(워터펀치)

16. **다음 설명에 해당하는 것을 고르시오.**

> • 이 기기는 1분당 1,500회의 강한 진동을 통해 두개피를 세정 및 마사지
> • 혈액순환을 활성화, 두개피 개선
> • 두개피에 상처나 염증이 있는 부위 시술 시 주의

① 스티머　② 적외선
③ 전동샴푸　④ 두피세정기(워터펀치)

17. **적외선이 피부에 침투했을 때 주로 어떤 작용을 미용 기술상으로 이용하는가?**

① 온열자극　② 비타민 D 생성
③ 근육의 수축 운동　④ 지각신경의 자극

18. **미용기기 사용 시 주의해야 할 대상이 아닌 것을 고르시오.**

① 임산부
② 비만자
③ 피부 질환자
④ 몸 안에 금속이 들어 있는 경우

19. **다음 중 미용기기가 아닌 것을 고르시오.**

① 적외선　② 메조건(메조테라피)
③ 워터펀치　④ 저주파

기출문제

◆ 상담학 ◆

01. 트리콜로지스트(두피관리사)의 조건으로 맞지 않는 것을 고르시오.

① 정확한 정보와 전문지식을 갖고 진단을 한다.

② 관리사의 주관적인 판단으로 관리한다.

③ 관리 제품에 대한 지식과 정보를 갖춘다.

④ 두개피 관리에 대한 동기 부여를 한다.

설명

고객 상담은 고객과의 의사소통을 통하여 자료(Data)를 얻게 된다. 이러한 자료를 전문적인 지식과 경험을 통하여 정보(Information)로 가공하고, 고객의 정보와 전문가적인 지식을 바탕으로 고객에게 진행되는 과정 등을 상세하게 설명하고 제안을 하는 것을 컨설팅 세일즈(Consulting sales)라고 한다.

02. 트리콜로지스트의 자세가 아닌 것을 고르시오.

① 시술하기 편안한 복장을 착용한다.

② 신발은 편안한 것을 신고, 발소리가 나도록 한다.

③ 반지, 귀걸이 등 액세서리를 착용하지 않는다.

④ 효과적인 상담을 위해 고객의 말에 귀 기울인다.

설명

상담자의 자세

- 큰 소리로 이야기하거나 크게 웃지 않는다.
- 고객에게 반말과 단적인 표현은 하지 않는다.
- 상담자는 앉아 있을 때 다리를 꼬거나 내려앉지 않는다.
- 필요하다면 약간의 몸짓을 통하여 고객에게 이해도를 높여준다.
- 효과적인 상담을 위해서는 고객의 말에 귀 기울이는 태도가 중요하다.
- 상담자가 손을 많이 흔들거나 팔짱을 낀다면 고객에게 거만하게 비칠 수 있으므로 주의한다.

03. 두피관리실의 위생 및 환기에 잘못된 것을 고르시오.

① 일회용이어도 깨끗하면 다시 사용할 수 있다.

② 사용했던 모든 도구는 항상 소독한다.

③ 실내공기가 탁하지 않게 항상 환기를 자주한다.

④ 관리실의 적정한 온도를 유지한다.

04. 고객이 집에서도 지속적인 관리를 할 수 있도록 조언하는 것은?

① 적절한 프로그램 선택

② 홈케어 지도

③ 정확한 진단

④ 두피관리

05. 상담의 목적이 아닌 것을 고르시오.

① 고객의 잘못된 습관을 깨닫게 한다.
② 관리사의 지시대로 무조건 따르게 한다.
③ 정확한 정보와 지식전달로 고객의 인식이나 태도를 바꾸게 한다.
④ 개선된 생활습관을 유지하도록 도와준다.

설명
고객 상담은 고객과의 대화에서 전문적 지식을 활용하여 문제를 해결하는 과정이며, 두개피 관리 상담의 목적은 3단계로 나누어진다.
- 문제의 원인을 파악하여 정보와 지식을 전달하여 고객의 인식이나 태도를 바꾸도록 도와준다.
- 문제점의 원인을 개선할 수 있게 좋은 생활습관으로 변화하도록 도와준다.
- 개선된 생활습관을 유지하도록 도와준다.

06. 상담카드 작성 시 필요하지 않은 것을 고르시오.

① 성별 및 결혼 여부 ② 직업과 학력
③ 키와 몸무게 ④ 전화번호

07. 만족스러운 관리실의 기본적인 조건에 해당하지 않은 것을 고르시오.

① 고객 만족 ② 체계적인 메뉴
③ 영리추구 ④ 손님에 대한 예의

08. 관리실에 대한 설명 중 잘못 설명한 것을 고르시오.

① 독립된 공간을 가진다.
② 화려한 실내장식과 활기찬 음악을 제공한다.
③ 편안하고 안락한 분위기를 느끼게 해준다.
④ 조용하고 편안한 음악을 제공한다.

09. 고객유치 상담 시 주의사항이 아닌 것을 고르시오.

① 권위적인 상담
② 의료영역의 전문 관리
③ 관리법에 대한 다양한 방법과 제시
④ 균일한 상담

10. 첫 방문 고객에 대한 상담법이 아닌 것을 고르시오.

① 현 상태의 문제점
② 비용적인 측면
③ 관리기간의 효과
④ 치료될 수 있다는 확실한 답변

11. 부정적인 생각을 지닌 고객의 상담 내용이 아닌 것을 고르시오.

① 다양한 관리방법 및 설명
② 기존 관리와 차이점
③ 비관리 시의 문제점
④ 재 타켓팅 설명

12. 관리 중 상담 내용을 고르시오.

① 추후 재방문 가격에 대한 사항
② 관리 효과에 대한 만족도
③ 관리 중 불만 사항
④ 고객의 홈케어 및 라이프스타일

설명
관리 중 상담은 관리 효과를 향상하기 위한 과정으로, 고객에게 정확한 관리프로그램을 통해 관리하면서 관리 중의 불편사항이나 두개피 호전도에 따른 프로그램 변화 등의 상담을 진행함으로써 관리 효과를 증대시키는 데 있다.

13. 관리 종결 후 상담 내용에 속하지 않은 것을 고르시오.

① 관리에 대한 만족도
② 정기적인 관리에 대한 필요성 설명
③ 문제성 두피에 관한 재설명 및 가격
④ 추후 발생할 수 있는 현상에 대한 설명

설명
관리 후의 상담은 관리센터에서의 관리가 끝난 상태에서 관리 과정상 개선된 두개피 관리 효과를 계속해서 유지하고, 두개피 관리 효과를 지속해서 유지할 수 있도록 생활방식과 두개피 관리요령을 안내해주는 것으로, 트리콜로지스트로서 전문적 지식을 통한 안내와 자세한 설명이 필요하다.

14. 상담의 요소에 해당하지 않은 것을 고르시오.

① 상담자의 전문지식
② 고객의 문제해결 방안
③ 고객 문제점 치유
④ 상담자의 고객과의 목적

15. 트리콜로지스트의 복장 및 위생상태가 바르지 않은 것을 고르시오.

① 다리를 꼬고 앉지 말고 높은 굽의 신발을 착용한다.
② 앉아 있을 때는 의자 뒤에 엉덩이를 붙여서 앉는다.
③ 큰 소리로 이야기하거나 웃지 않는다.
④ 손톱, 머리상태, 복장을 항상 깨끗하게 하여야 한다.

16. 상담 후 고객의 주의사항에 해당하지 않은 것을 고르시오.

① 관리 기간에 발생하는 이상 현상 묵인
② 복용하는 약 상담
③ 홈케어의 철저한 상담
④ 꾸준한 노력이 필요함을 인식시킨다.

17. 트리콜로지스트의 역할 중 전문가의 역할에 해당하지 않은 것을 고르시오.

① 인체의 구조 ② 영양학
③ 비만관리 ④ 기기학

18. **다음 중 관리사의 상담 태도로 바르지 않은 것을 고르시오.**

① 정확한 전문지식 전달
② 비교분석을 통한 상담
③ 비효과에 대한 고객의 책임 전가
④ 고객의 심리적인 상담

19. **관리 종결 후 상담 시 주의사항이 아닌 것을 고르시오.**

① 홈케어를 적극적으로 권장한다.
② 고객에 대한 장기적인 배려와 관심을 둔다.
③ 두개피 관리는 평생 관리임을 인식하게 한다.
④ 고객의 꾸준한 노력이 필요함을 항상 인식시킨다.

20. **관리 상담 시 주의사항이 아닌 것을 고르시오.**

① 두피 관리는 장기간에 이루어지지 않는 것을 인식시킨다.
② 고객의 심리적으로 안정을 시킨다.
③ 일정한 주기를 가지고 상담을 한다.
④ 관리 전과 후의 정확한 비교분석을 한다.

기출문제

◆ 두개피 진단 ◆

01. 두개피부는 크게 3가지 유형으로 분류한다. 다음 중 틀린 것을 고르시오.

① 정상 두개피 ② 건성 두개피
③ 지성 두개피 ④ 민감성 두개피

02. 다음 설명에 해당하는 것을 고르시오.

> 두개피부 위에 적절한 피지가 분출되어 있다. 모공은 이물질이 없으며 맑고 투명한 상태, 맑은 청백색을 띠고 있으며, 모누두상부의 모공은 윤곽선이 뚜렷할 뿐 아니라 피지 및 각질이 보이지 않는다.

① 정상 두개피 ② 건성 두개피
③ 지성 두개피 ④ 민감성 두개피

설명
정상 두개피는 두개피부 위에 적절한 피지가 분출되어 있으며, 모공은 이물질이 없이 맑고 투명한 상태이다. 모발의 굵기가 일정한 굵기로 배열되어 있으며, 한 개의 모공에 2～3가닥의 모발이 성장하는 것처럼 보인다. 두개피부 상태가 맑은 청백색을 띠고 있으며, 모누두상부의 모공은 윤곽선이 뚜렷할 뿐 아니라 피지 및 각질이 보이지 않는 투명하고 깨끗한 상태를 보인다.

03. 다음 설명에 해당하는 것을 고르시오.

> 각질의 탈락이 빠르게 진행, 2~3일 정도 샴푸를 하지 않아도 기름기가 보이지 않는다. 모누두상부는 각질과 이물질로 덮여있으며, 건조하게 갈라진 피지막과 두개피부가 당기고 가렵다.

① 정상 두개피 ② 건성 두개피
③ 지성 두개피 ④ 민감성 두개피

설명
건성 두개피는 각질의 탈락이 빠르게 진행되고, 2~3일 정도 샴푸를 하지 않아도 유분이 보이지 않는다. 모누두상부는 각질과 이물질로 덮여 있으며, 건조하게 갈라진 피지막과 더불어 두개피부가 당기고 가렵고 표면에서 유 · 수분이 균형이 맞지 않아 윤기가 부족하고 각질이 산재되어 있다.

04. 건성 두개피의 특징을 틀리게 설명한 것을 고르시오.

① 두피 톤 - 청백색, 불투명
② 모공 상태 - 선명한 모공
③ 피지분비량 - 적음
④ 각질 정도 - 낮음

05. 정상 두개피의 특징을 틀리게 설명한 것을 고르시오.

① 두피 톤 - 청백색 투명
② 모공 상태 - 선명한 모공
③ 피지분비량 - 적음
④ 각질 정도 - 각질이 거의 없음

06. **다음 설명에 해당하는 것을 고르시오.**

> 과도한 피지분비, 모누두상부가 번들거리고 축축하게 들러붙어 끈적임을 동반, 노화각질, 피지 산화물로 인해 심한 악취가 난다.

① 정상 두개피 ② 건성 두개피
③ 지성 두개피 ④ 민감성 두개피

설명
지성 두개피는 과도한 피지분비로 인하여 몇 시간만 지나도 기름기가 가득한 상태로 모누두상부가 번들거리고, 축축하게 들러붙어 끈적임을 동반한다. 피지로 인해 냄새가 나며, 피지 위에 여러 가지 이물질이 흩어져 있다.

07. **지성 두개피의 특징을 틀리게 설명한 것을 고르시오.**

① 두피 톤 - 연한 황토색으로 얼룩이 있다.
② 모공 상태 - 선명한 모공
③ 피지분비량 - 많음
④ 각질 정도 - 과도한 피지분비로 각질이 보이지 않음

08. **민감성 두개피의 특징을 틀리게 설명한 것을 고르시오.**

① 두피 톤 - 붉은 톤
② 모공 상태 - 다양하게 보임
③ 피지분비량 - 불규칙적으로 분비
④ 각질 정도 - 얇게 들떠 있으며, 불규칙적으로 분포

09. **다음 설명에 해당하는 것을 고르시오.**

> 두개피부에 가느다란 모세혈관 실핏줄이 보인다. 건성, 지성, 지루성 등 모든 종류의 두개피로 전이, 세균감염 또는 과다한 화학제품 사용에 의한 두개피 자극 등의 원인

① 정상 두개피 ② 건성 두개피
③ 지성 두개피 ④ 민감성 두개피

설명
민감성 두개피는 모발이 매우 가늘어진 상태로 두개피부에 가느다란 모세혈관이 보이고 긁으면 쉽게 빨개지며, 따가움과 자극을 동반한다. 건성 두개피, 지성 두개피, 지루성 두개피 등 모든 종류의 두개피로 전이될 수 있는 유형이다. 세균감염 또는 과도한 화학제품 사용에 의한 두개피 자극 등의 원인에 의해 두개피부의 각화 주기에 이상 현상이 발생된다.

10. **다음 설명에 해당하는 것을 고르시오.**

> 가려움증 동반, 모공 주변 얼룩짐과 산화피지의 분포량에 구분, 두개피부 위에 기름기가 띠를 형성하고 있으며, 땀과 먼지 등이 엉겨 붙은 조각들로 나타난다.

① 정상 두개피 ② 건성 두개피
③ 지성 두개피 ④ 민감성 두개피

설명

비듬성 두개피는 비듬균의 증식으로 인하여 발생하며, 가려움증을 동반한다. 건성비듬과 지성비듬, 혼합비듬으로 나타나는 비듬성 두개피는 모공 주변의 얼룩짐과 산화피지의 분포량에 의해 구분할 수 있다.

11. 건성비듬성 두개피의 특징을 틀리게 설명한 것을 고르시오.

① 두피 톤 - 황색톤, 불투명

② 모공 상태 - 모공 주변이 막힘

③ 모발 탄력도 - 점차적 감소

④ 피지분비량 - 적음

12. 지성비듬성 두개피의 특징을 틀리게 설명한 것을 고르시오.

① 두피 톤 - 백색톤

② 모공 상태 - 모공 주변이 막힘

③ 모발 탄력도 - 점차적 감소

④ 피지분비량 - 적음

13. 혼합비듬성 두개피의 특징을 틀리게 설명한 것을 고르시오.

① 두피 톤 - 진한 황색톤

② 모공 상태 - 막힘

③ 모발 탄력도 - 낮음

④ 피지분비량 - 많음

14. 지루성 피부염의 특징을 틀리게 설명한 것을 고르시오.

① 두피 톤 - 황색이나 적색으로 보임

② 모공 상태 - 막힘

③ 모발 탄력도 - 낮음

④ 피지분비량 - 많음

설명

지루성 두개피는 스트레스에 의한 안드로겐의 합성에 기인하여 피지의 과도한 분비가 원인이다. 스트레스는 코티솔을 증가시켜 안드로겐 생성을 촉진한다. 이는 과도한 피지분비를 촉진하여 지루성 두개피를 유발하고, 가려움증과 염증을 동반하여 지루성 피부염을 만든다.

15. 두부백선의 원인으로 잘못 설명된 것을 고르시오.

① 피부사상균(무좀균)

② 신체접촉 - 개, 고양이

③ 계절적 요소 - 가을, 겨울

④ 병모 - 통증 없이 쉽게 탈락

설명

두부백선은 피부사상균(무좀균)에 의한 피부감염으로 발생하는 것으로 두부 부위에 나타나는 것을 의미한다. 일종의 버짐과 같은 형태로 두개피에 발생하는 전염성 피부염, 두상 전체에 발생할 수 있고, 과다한 각질과 전염성이 있으며 주로 어린아이에게 많이 보인다.

서술형문제

1. 다음의 두개피를 판독하고 특징에 관하여 서술하시오.

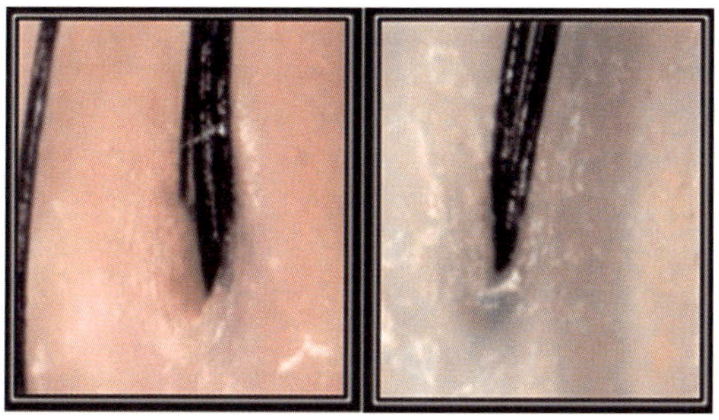

(정상)두개피의 특징		
①	두피 톤	
②	모공 상태	
③	피지분비량	
④	각질 정도	
⑤	모발 밀도	
⑥	민감도	
⑦	기타 증상	
⑧	수분 함량	

2. 다음의 두개피를 판독하고 특징에 관하여 서술하시오.

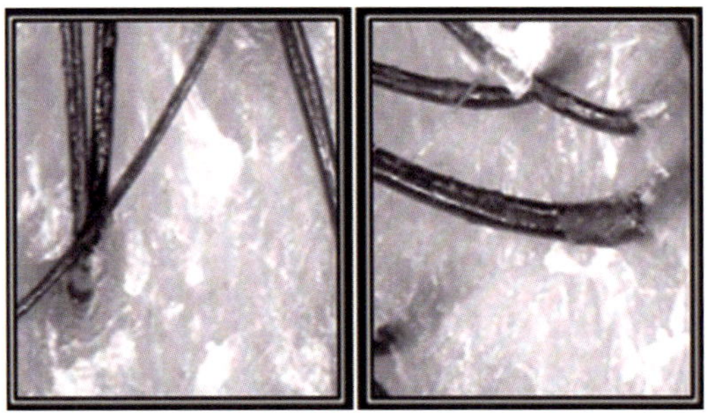

(건성)두개피의 특징		
①	두피 톤	
②	모공 상태	
③	피지분비량	
④	각질 정도	
⑤	모발 밀도	
⑥	민감도	
⑦	기타 증상	
⑧	수분 함량	

3. 다음의 두개피를 판독하고 특징에 관하여 서술하시오.

(지성)두개피의 특징		
①	두피 톤	
②	모공 상태	
③	피지분비량	
④	각질 정도	
⑤	모발 밀도	
⑥	민감도	
⑦	기타 증상	
⑧	수분 함량	

4. 다음의 두개피를 판독하고 특징에 관하여 서술하시오.

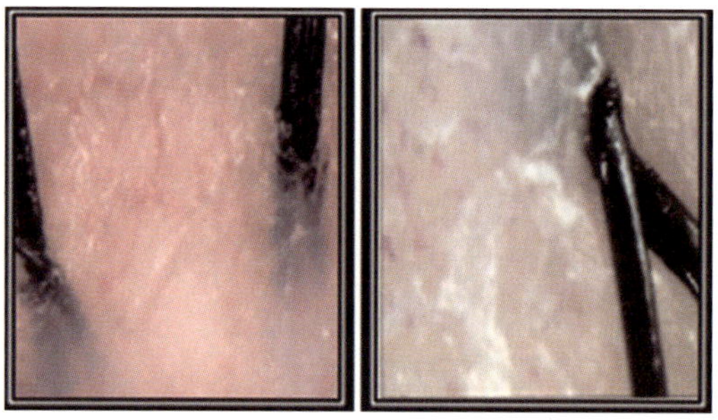

(민감성)두개피의 특징		
①	두피 톤	
②	모공 상태	
③	피지분비량	
④	각질 정도	
⑤	모발 밀도	
⑥	민감도	
⑦	기타 증상	
⑧	수분 함량	

5. 다음의 두개피를 판독하고 특징에 관하여 서술하시오.

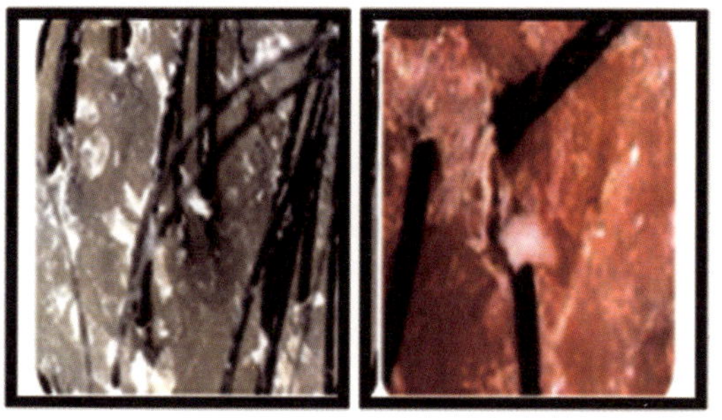

(건성비듬성)두개피의 특징		
①	두피 톤	
②	모공 상태	
③	모발 탄력도	
④	피지분비량	
⑤	수분 함량	
⑥	노화 각질	
⑦	민감도	
⑧	모발 밀도	
⑨	기타 증상	

6. 다음의 두개피를 판독하고 특징에 관하여 서술하시오.

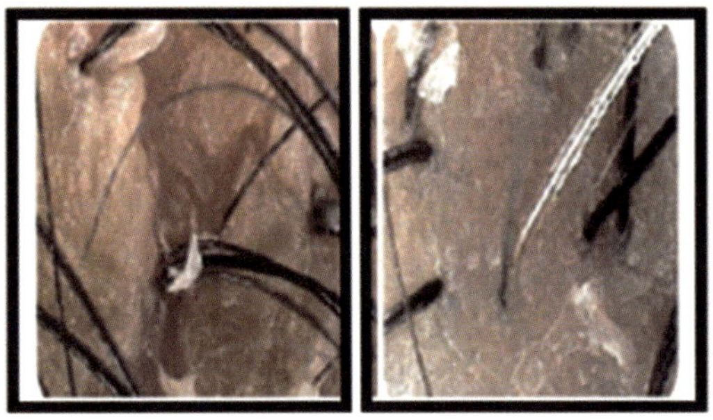

(지성비듬성)두개피의 특징		
①	두피 톤	
②	모공 상태	
③	모발 탄력도	
④	피지분비량	
⑤	수분 함량	
⑥	노화 각질	
⑦	민감도	
⑧	모발 밀도	
⑨	기타 증상	

7. **다음의 두개피를 판독하고 특징에 관하여 서술하시오.**

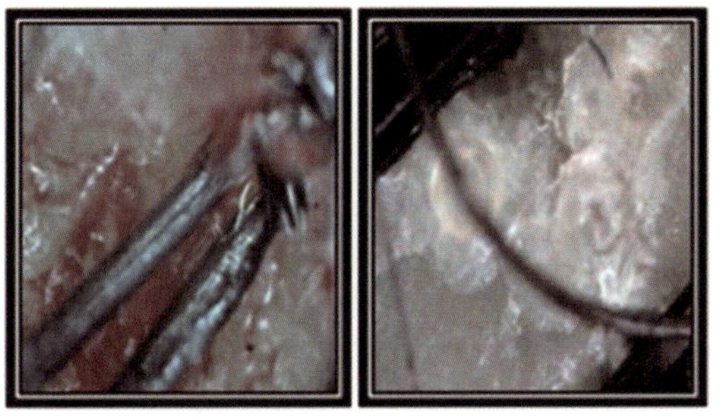

(혼합비듬성)두개피의 특징		
①	두피 톤	
②	모공 상태	
③	모발 탄력도	
④	피지분비량	
⑤	수분 함량	
⑥	노화 각질	
⑦	민감도	
⑧	모발 밀도	
⑨	기타 증상	

8. 다음의 두개피를 판독하고 특징에 관하여 서술하시오.

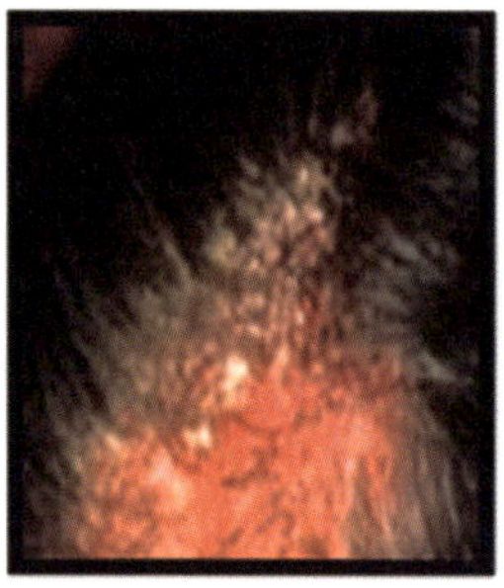

(지루성 피부염)두개피의 특징		
①	두피 톤	
②	모공 상태	
③	모발 탄력도	
④	피지분비량	
⑤	민감도	
⑥	탈모율	
⑦	각질 두께	
⑧	기타 증상	

9. 다음의 두개피를 판독하고 특징에 관하여 서술하시오.

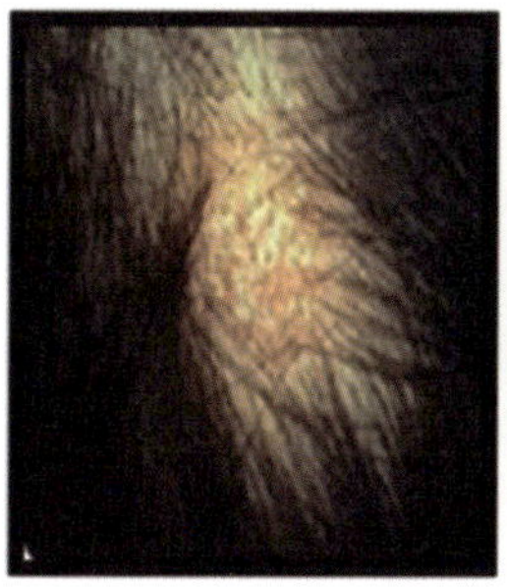

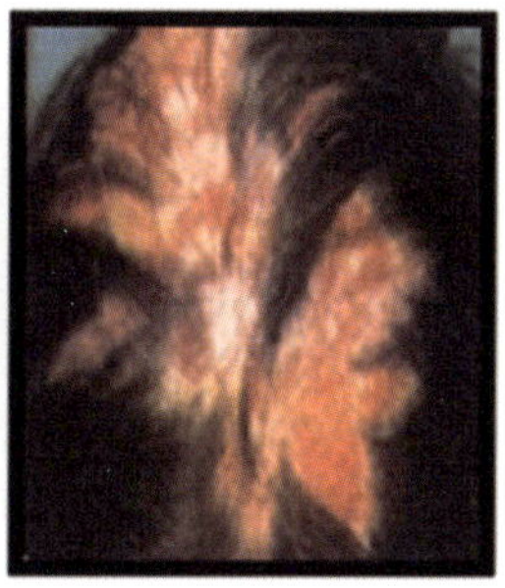

(두부백선)두개피의 특징		
①	모공 상태	
②	각질 정도	
③	가려움 현상	
④	두피 톤	
⑤	모발 탄력도	
⑥	기타 증상	

기출문제

◆ 두개피 관리 실무 ◆

01. 두개피 손상의 원인으로 틀린 것을 고르시오.

① 내적 요인 ② 사회적 요인
③ 환경적 요인 ④ 화학적 요인

설명
두개피 손상의 원인은 내적 요인, 외적 요인, 물리적 요인, 화학적 요인, 환경적 요인이다.

02. 다음 설명에 해당하는 것을 고르시오.

> 두개피 손상의 요인은 크게 물리적, 화학적, 환경적 요인으로 구분되며, 두개피 조직 전체가 파괴된 경우를 제외하면 대부분 내적 요인으로 인한 손상보다 외적 요인으로 인한 손상이 심하다.

① 내적 요인 ② 환경적 요인
③ 외적 요인 ④ 화학적 요인

설명
외부적 요인에 의해 두개피에 외상이 나타나는 것으로 두개피 손상의 요인은 크게 물리적, 화학적, 환경적 요인으로 구분되며, 두개피 조직 전체가 파괴된 경우를 제외하면 대부분 내적 요인으로 인한 손상보다 외적 요인으로 인한 손상이 심하다.

03. 경추는 몇 개의 뼈로 이루어져 있는가?

① 7개 ② 8개
③ 14개 ④ 22개

04. 융추는 몇 개의 뼈로 이루어져 있는가?

① 7개 ② 8개
③ 12개 ④ 22개

05. 다음 설명에 해당하는 것을 고르시오.

> 혈액순환 촉진 및 노폐물 제거를 위하여 피부를 강하게 누르면서 진행하는 마사지 기법이다.

① 경찰법 ② 강찰법
③ 유연법 ④ 진동법

06. 다음 설명에 해당하는 것을 고르시오.

> 압력을 사용하지 않는 동작으로 손바닥, 네 손가락, 엄지 등을 이용하여 연속적인 동작으로 가볍게 문지르는 마사지 기법이다.

① 경찰법 ② 강찰법
③ 유연법 ④ 진동법

07. 다음 설명에 해당하는 것을 고르시오.

> 근육이 많은 부분에 양 손바닥이나 손가락으로 근육을 잡고, 집어 주물러 근육을 풀어주는 마사지 기법이다.

① 경찰법 ② 강찰법
③ 유연법 ④ 진동법

08. 다음 설명에 해당하는 것을 고르시오.

> 경련과 마비에 효과적으로 기능을 전달하기 위하여 손이나 바이브레이터를 사용하는 마사지 방법이다.

① 경찰법 ② 강찰법
③ 유연법 ④ 진동법

09. 다음 설명에 해당하는 것을 고르시오.

> 위치 : 머리카락이 시작되는 곳, 경추 1번 밑, 적용 : 두통, 목의 통증

① 경추 ② 백회 ③ 아문 ④ 풍지

10. 다음 설명에 해당하는 것을 고르시오.

> 위치 : 뒷머리 모발선에서 위로 0.5촌, 중간선 양측에서 1.3촌, 적용 : 후두부 두통, 목 부위의 경직 및 통증

① 견우 ② 천주 ③ 천종 ④ 완골

11. 다음 설명에 해당하는 것을 고르시오.

> 위치 : 팔을 위로 올렸을 때 앞부분에 움푹 들어간 곳, 적용 : 관절의 통증이나 근육이 뻣뻣한 증상

① 견료 ② 천주 ③ 견중유 ④ 견우

12. 다음 설명에 해당하는 것을 고르시오.

> 위치 : 천종에서 수직선상에 있는 견갑골 끝부분에 위치, 적용 : 어깨 통증

① 천주 ② 풍지 ③ 천종 ④ 병풍

13. 두개피 마사지의 효과에 관하여 틀린 것을 고르시오.

① 피부 노화를 예방하고 피부에 윤기를 더해준다.
② 림프선 계통의 자극으로 혈액순환을 증가시킨다.
③ 뭉친 근육을 이완하여 스트레스와 긴장을 풀어준다.
④ 혈액순환을 원활하게 하여 모발의 성장을 촉진시킨다.

14. 브러싱의 목적이 아닌 것을 고르시오.

① 두개피의 혈액자극
② 피지선 분비 원활
③ 오염물질 제거
④ 피지분비 저하

설명

브러싱은 두개피의 혈행을 자극해 모근을 튼튼하게 해주고 피지선의 분비를 원활하게 해준다. 또한 두개피부와 모발에 부착된 이물질 등을 제거하고 헝클어진 모발을 풀어주는 역할을 한다. 건조한 모발보다 젖은 모발을 브러싱할 때 탄성이 증가하기 때문에 브러싱할 때 강한 물리적 자극은 모발에 손상을 높일 수 있어 주의하도록 한다.

설명

모발과 두개피의 세정을 의미하는 샴푸는 샴푸제와 매니플레이션을 통하여 두개피와 모발 내 오염물과 이물질을 제거함과 동시에 두개피의 혈액순환과 함께 두발의 성장을 촉진한다.

15. **브러싱의 자세로 틀린 것을 고르시오.**

① 작업자와 고객의 거리는 50~60cm 거리를 유지한다.

② 브러싱 시 브러쉬에 걸릴 수 있는 액세서리는 별도 보관한다.

③ 모발 끝부터 빗질하여 모근 쪽으로 올라간다.

④ 브러싱을 할 때 방향감과 리듬감을 주어 빗질한다.

16. **샴푸제의 기능으로 알맞은 것을 고르시오.**

① 피부 노화를 예방하고 피부에 윤기를 더해준다.

② 모발에 부드러움과 정전기를 방지하고 모발 표면 상태를 정돈해 준다.

③ 두개피의 혈액순환과 함께 두발의 성장을 촉진한다.

④ 모발에 합성작용으로 오염물질을 제거해 준다.

서술형문제

01. 두개피 타입에 따른 관리방법에 관하여 서술하시오.

1) 정상 두개피

(1) 관리의 초점

(2) 관리방법	
①	
②	
③	
④	
⑤	
⑥	
⑦	
⑧	
⑨	
⑩	
⑪	

2) 건성 두개피

(1) 관리의 초점

(2) 관리방법

①	
②	
③	
④	
⑤	
⑥	
⑦	
⑧	
⑨	
⑩	
⑪	
⑫	

3) 지성 두개피

(1) 관리의 초점

(2) 관리방법	
①	
②	
③	
④	
⑤	
⑥	
⑦	
⑧	
⑨	
⑩	
⑪	

4) 민감성 두개피

(1) 관리의 초점

(2) 관리방법

①	
②	
③	
④	
⑤	
⑥	
⑦	
⑧	
⑨	
⑩	
⑪	
⑫	

5) 비듬성 두개피

(1) 관리의 초점

(2) 관리방법	
①	
②	
③	
④	
⑤	
⑥	
⑦	
⑧	
⑨	
⑩	
⑪	
⑫	

02. 아래의 두개피 경혈점에 관한 명칭을 쓰시오.

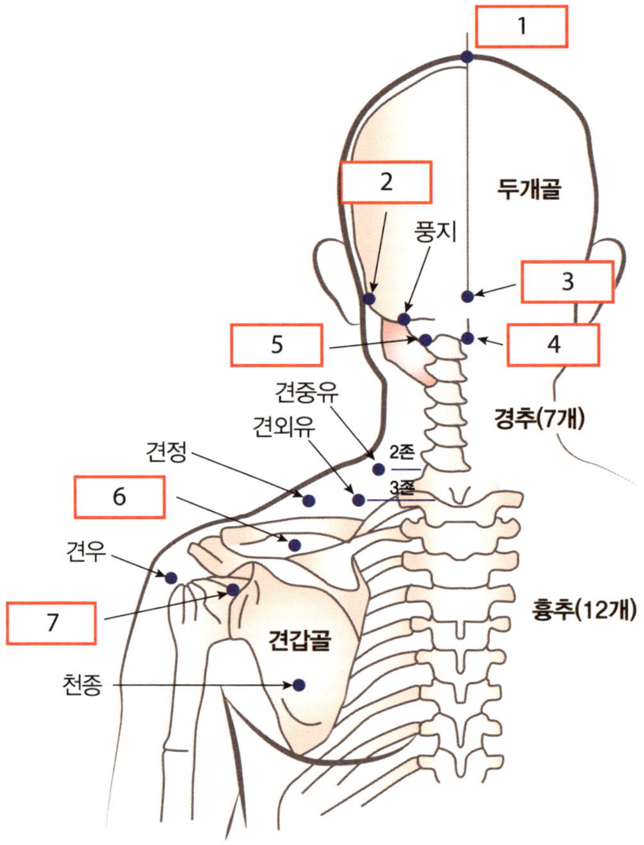

03. 샴푸 매니플레이션 기법에 관하여 서술하시오.

종류	방법
문지르기	
지그재그	
양손교차하기	
나선형	
튕겨주기	

04. 이온에 따른 계면활성제의 구분에 관하여 서술하시오.

종류	방법
음이온 계면활성제	
양이온 계면활성제	
양극이온 계면활성제	
비이온 계면활성제	

05. 컨디셔닝 매니플레이션 기법에 관하여 서술하시오.

<table>
<tr><th>종류</th><th colspan="2">방법</th></tr>
<tr><td>경찰법</td><td colspan="2"></td></tr>
<tr><td>강찰법</td><td colspan="2"></td></tr>
<tr><td>유연법</td><td colspan="2"></td></tr>
<tr><td>진동법</td><td colspan="2"></td></tr>
<tr><td rowspan="5">고타법</td><td>탭핑</td><td></td></tr>
<tr><td>스랩핑</td><td></td></tr>
<tr><td>컵핑</td><td></td></tr>
<tr><td>핵킹</td><td></td></tr>
<tr><td>비팅</td><td></td></tr>
</table>

기출문제 정답

<두개피 생리학> 정답																			
1	해설참고	2	해설참고	3	④	4	③	5	①	6	②	7	③	8	②	9	①	10	④
11	②	12	①	13	④	14	④	15	④	16	②	17	④	18	②	19	②	20	①
21	③	22	②	23	③	24	①	25	②	26	①	27	①	28	①	29	④	30	③
31	③	32	②	33	③	34	④	35	①	36	②	37	①	38	③	39	①		

<두개피 생리학> 해설	
1	8
2	15

<모발 생리학> 정답																			
1	①	2	③	3	①	4	③	5	①	6	③	7	④	8	①	9	③	10	①
11	③	12	①	13	②	14	①	15	①	16	②	17	④	18	②	19	④	20	③
21	②	22	④	23	①	24	③	25	②	26	①	27	①	28	①	29	②	30	④
31	②	32	③	33	②	34	①	35	해설참고										

<모발 생리학> 해설	
35	정답 : 등전점

<탈모학> 정답																			
1	①	2	④	3	③	4	④	5	①	6	②	7	④	8	③	9	②	10	④
11	④	12	①	13	③	14	③	15	②	16	③	17	②	18	④	19	①	20	④
21	③	22	①	23	④	24	②	25	①	26	③	27	②	28	①	29	②	30	①

<신경학> 정답																			
1	③	2	②	3	③	4	①	5	③,④	6	①	7	③	8	④	9	②	10	②
11	④	12	①	13	③	14	③	15	④	16	①	17	③	18	②	19	③	20	③
21	해설참고	22	해설참고	23	해설참고	24	해설참고	25	해설참고	26	해설참고	27	해설참고						

<신경학> 해설	
21	정답 : 중추신경계는 뇌와 척수로 구성된 신경계이다. 여러 감각기관에서 보내온 생체 신호를 수신하고, 정보를 통합, 조정하는 기관계로 수많은 신경세포(Neuron)와 신경교세포(Neuroglia)로 이루어져 있다. 말초신경계에서 전달된 정보를 수집, 비교, 통합하여 인체 내 각 기관의 기능을 조절한다. 태아는 3주경 외배엽 부위의 신경판(Neural plate)에서 발생하기 시작된다. 중추신경계의 뇌와 척수는 인체 신경조직의 98%를 포함하고, 부위에 따라 기능을 달리 하며, 내부에는 감각뉴런, 운동뉴런, 연합뉴런이 존재하고 있어 자극 전달에 관여하고 있다.

<신경학> 해설	
22	정답 : ① 감각, 지각, 언어능력, 상상력, 추리력, 운동, 기술 등과 자율신경계 조절, 호르몬 조절, 항상성 유지 등의 기능을 수행한다. ② 대뇌에 돌출된 부분을 이랑, 주름져 안으로 들어간 부분을 고랑이라 하고, 모양에 따라 전두엽, 측두엽, 두정엽, 후두엽으로 나눈다. ③ 대뇌의 기능 · 운동 조절기능 : 대뇌 피질에서 운동에 대한 신호를 보내면 이는 뇌줄기와 척수를 지나 필요한 근육으로 전달되어 우리가 원하는 대로 몸을 움직일 수 있게 된다. · 감각 인식 및 해석기능 : 감각기관에서 들어온 신호를 대뇌에서 처리하여 느낄 수 있게 해준다. · 언어전달기능 : 대뇌 피질에서 수행하며, 전두엽의 브로카에서 언어의 발성을, 측두엽의 베르니케 영역에서는 언어의 이해를 담당한다. · 항상성 유지 : 자율신경계 조절 및 호르몬분비를 통해 우리 몸의 대사를 조절한다. · 학습과 기억기능 : 대뇌의 측두엽에 존재하는 해마에서 수행한다. · 호르몬분비기능 : 뇌하수체에서 수행하며 신체의 대사와 생식에 관련된 호르몬을 분비한다.
23	정답 : 간뇌(Diencephalon)는 뇌의 가장 앞쪽의 부위에 속하는 부분으로 시상, 시상상부, 시상후부, 시상하부로 나뉜다. 간뇌는 감각 정보를 수용하여 대뇌 피질로 전달하는 기능을 한다.
24	정답 : 척수(Spinal cord)는 뇌와 함께 중추신경계의 일부이며, 몸과 뇌 사이의 중추적인 정보소통경로이다. 또한 척수는 들어오는 정보를 통합하여 직접 명령을 내보내는 척수 반사(Spinal reflex) 조절도 한다. 척추 내에 위치하는 중추신경의 일부분으로 감각, 운동신경들이 모두 포함한다.
25	정답 : 생명 유지에 있어 절대적으로 필요한 호흡, 흡수, 대사, 순환, 배설, 생식의 기능과 관련된 오장육부 및 호르몬을 지배하는 신경으로 인간의 의지와 상관없이 자동으로 작용하는 신경을 자율신경(Autonomic nervous system)이라 한다. 자율신경은 식물신경이라고도 하는데, 모발의 성장에 있어서는 모세포의 분열과 연관이 있고, 교감신경과 부교감신경으로 구분된다.
26	정답 : 교감신경계(Sympathetic nervous system)는 자율신경계의 일종으로 일반적으로 긴장이 되는 상황에 처했을 때 활성화된다. 자극이 없을 때도 약간 활성화되어 있고, 자극을 받으면 활성화 정도가 높아진다. 교감신경계가 활성화되면 도파민을 분비하여 투쟁 · 도피반응이 일어나며, 의식적인 생각 없이 스스로 조절되는 것으로 알려져 있다. 교감신경의 체내 작용은 맥박수를 증가시켜 심장기능을 촉진하는 한편, 소화기능을 억제하는 작용을 한다. 또한 혈관을 수축시키며, 한선의 분비를 촉진하고 모발에서는 입모근을 수축시키는 등 스트레스와 관련이 깊다.
27	정답 : 부교감신경계(Parasympathetic nervous system)는 교감신경계와 함께 자율신경계를 구성하며, 의지와 관계없이 움직이는 모든 장기에 분포해 그 기능을 조절한다. 절후섬유의 숫자가 많지 않고, 절전섬유에 비해 짧아 지배영역이 한정된 부교감신경은 뇌간과 천수에서 시작된다. 부교감신경의 절전섬유는 중뇌에서 시작되는 동안신경(제3뇌신경), 연수에서 시작되는 얼굴신경(제5뇌신경), 설인신경(제7뇌신경), 미주신경(제10뇌신경) 속에 포함되거나, 천수에서는 골반신경이 되어 지배 장기 가까운 곳에 있는 종말 신경절 내에서 뉴런을 교체한 후 절후섬유가 되어 분비선이나 평활근에 도달한다. 부교감신경의 기능은 교감신경과 길항작용을 하는 것으로 부교감신경이 긴장하면 동공은 축소되고, 침액, 땀, 눈물의 분비는 증가한다. 혈관은 확장하고 심장박동은 감소하며, 식도, 위, 장관, 췌장 등에서 분비는 증가한다. 또 이외에도 전신의 가로무늬근에 분포해 긴장, 영양에 관여한다.

<호르몬학> 정답

1	③	2	①	3	②	4	③	5	④	6	④	7	③	8	②	9	②,③	10	③
11	④	12	①	13	③	14	①	15	②	16	④	17	①	18	④	19	③	20	①
21	해설 참고																		

<호르몬학> 해설

21	정답 : 체내에서 분비되는 다양한 종류의 호르몬은 상호 보완작용 또는 억제작용을 통하여 항상성을 유지시키는 기능을 한다. 우리 몸의 호르몬 기능은 체액의 내부 환경을 일정하게 유지, 신체의 성장과 발달의 조절, 성적 성숙의 촉진, 성적 리듬 유지, 생식 과정의 조정, 에너지 생산율 조절, 대사율 안정 그리고 신체가 스트레스나 위기 상황에 잘 대처하도록 도와준다. 호르몬의 조절 중추는 간뇌의 시상하부에 있으며 피드백 작용 기능이 있다. 호르몬의 양이 필요량보다 부족하면 조절 중추에 의해 호르몬분비가 촉진되며, 필요량보다 많으면 호르몬분비가 억제 호르몬의 분비량을 일정하게 조절한다.

<영양학> 정답

1	④	2	②	3	④	4	④	5	④	6	①	7	②	8	④	9	②	10	①
11	①	12	③	13	②	14	①	15	②	16	①	17	②	18	①	19	②	20	③
21	①	22	④	23	④	24	②,③	25	④	26	④	27	①	28	②	29	④	30	③

<기기학> 정답

1	④	2	①	3	④	4	③	5	①	6	②	7	③	8	①	9	④	10	②
11	②	12	④	13	②	14	④	15	④	16	③	17	①	18	②	19	②		

<상담학> 정답

1	②	2	②	3	①	4	②	5	②	6	②	7	③	8	②	9	③	10	④
11	④	12	①	13	③	14	③	15	①	16	①	17	③	18	③	19	①	20	①

<두개피 진단> 정답

1	④	2	①	3	②	4	②	5	④	6	③	7	②	8	②	9	④	10	①
11	①	12	①	13	①	14	①	15	①										

서술형문제 정답

1. 다음의 두개피를 판독하고 특징에 관하여 서술하시오.

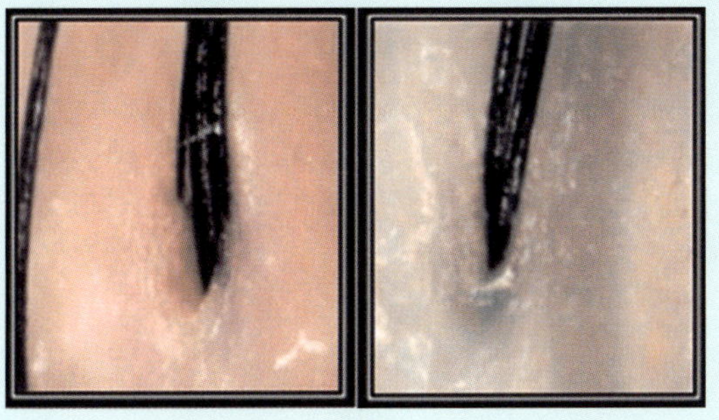

(정상)두개피의 특징		
①	두피 톤	청백색 투명
②	모공 상태	선명한 모공
③	피지분비량	적정 상태
④	각질 정도	각질이 거의 없음
⑤	모발 밀도	밀도 낮음
⑥	민감도	pH 5.5 정도로 정상
⑦	기타 증상	없음
⑧	수분 함량	10~15%

2. 다음의 두개피를 판독하고 특징에 관하여 서술하시오.

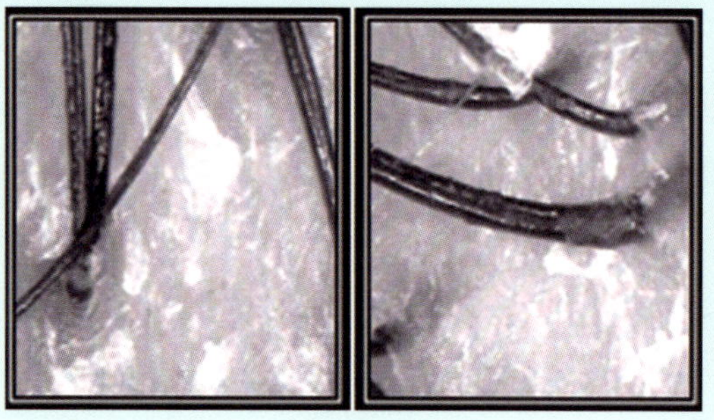

(건성)두개피의 특징		
①	두피 톤	청백색, 불투명
②	모공 상태	다수 막힘 현상
③	피지분비량	적음
④	각질 정도	낮음
⑤	모발 밀도	수적 밀도 변화
⑥	민감도	외부 자극에 민감
⑦	기타 증상	가려움증을 동반함
⑧	수분 함량	10% 미만

3. 다음의 두개피를 판독하고 특징에 관하여 서술하시오.

(지성)두개피의 특징		
①	두피 톤	연한 황토색으로 얼룩이 있음
②	모공 상태	다수 막힘
③	피지분비량	많음
④	각질 정도	과다한 피지 분비로 각질이 보이지 않음
⑤	모발 밀도	수적 밀도 변화
⑥	민감도	pH 5.5 이상, 존재 가능성이 높음
⑦	기타 증상	악취와 염증, 가려움증 등을 동반함
⑧	수분 함량	20% 이상

4. 다음의 두개피를 판독하고 특징에 관하여 서술하시오.

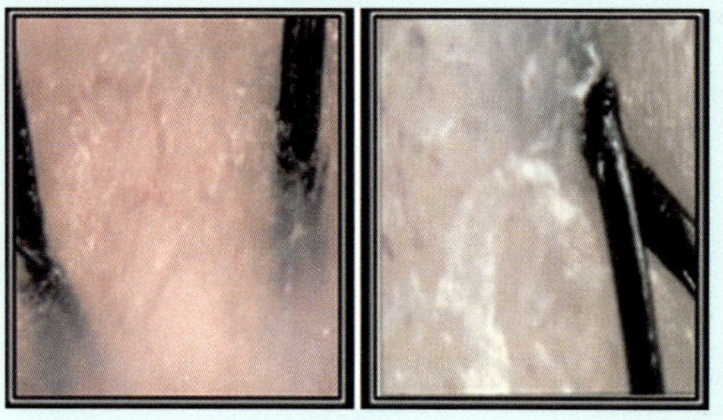

(민감성)두개피의 특징		
①	두피 톤	붉은 톤
②	모공 상태	다양하게 보임
③	피지분비량	불규칙적으로 분비
④	각질 정도	얇게 들떠있으며, 불규칙적으로 분포
⑤	모발 밀도	밀도 낮음
⑥	민감도	매우 민감한 상태
⑦	기타 증상	가려움과 염증 및 홍반 등을 동반
⑧	수분 함량	부족한 상태

5. 다음의 두개피를 판독하고 특징에 관하여 서술하시오.

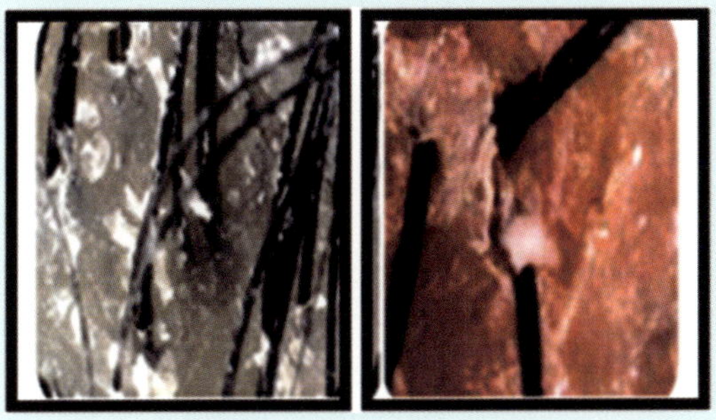

(건성비듬성)두개피의 특징		
①	두피 톤	백색 톤
②	모공 상태	모공 주변이 막힘
③	모발 탄력도	점차적 감소
④	피지분비량	적음
⑤	수분 함량	0% 미만
⑥	노화 각질	모공 주변 분포하며 각질 들떠있음
⑦	민감도	민감한 상태
⑧	모발 밀도	불규칙, 연모화
⑨	기타 증상	부분적 염증과 가려움 및 당김 현상이 심함

6. 다음의 두개피를 판독하고 특징에 관하여 서술하시오.

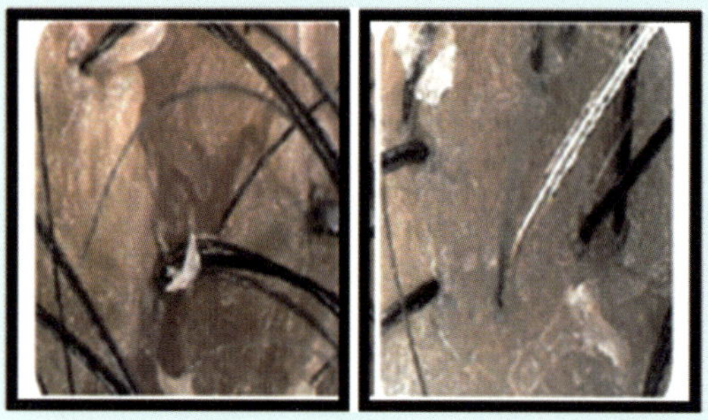

(지성비듬성)두개피의 특징

①	두피 톤	황색 톤, 불투명
②	모공 상태	막힘
③	모발 탄력도	낮음
④	피지분비량	많음
⑤	수분 함량	0% 내외
⑥	노화 각질	두껍게 분포
⑦	민감도	부분적으로 민감함
⑧	모발 밀도	불규칙적임
⑨	기타 증상	가려움증과 염증 및 악취가 심함

7. **다음의 두개피를 판독하고 특징에 관하여 서술하시오.**

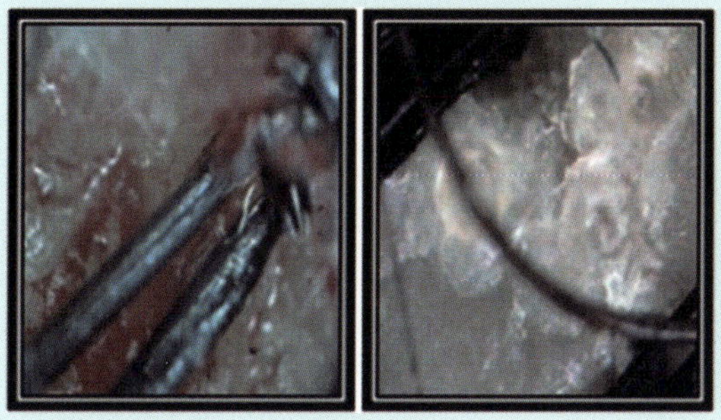

(혼합비듬성)두개피의 특징		
①	두피 톤	진한 황색 톤
②	모공 상태	막힘
③	모발 탄력도	낮음
④	피지분비량	많음
⑤	수분 함량	0% 미만
⑥	노화 각질	두껍게 쌓여있음
⑦	민감도	높음
⑧	모발 밀도	불규칙
⑨	기타 증상	가려움증, 염증

8. 다음의 두개피를 판독하고 특징에 관하여 서술하시오.

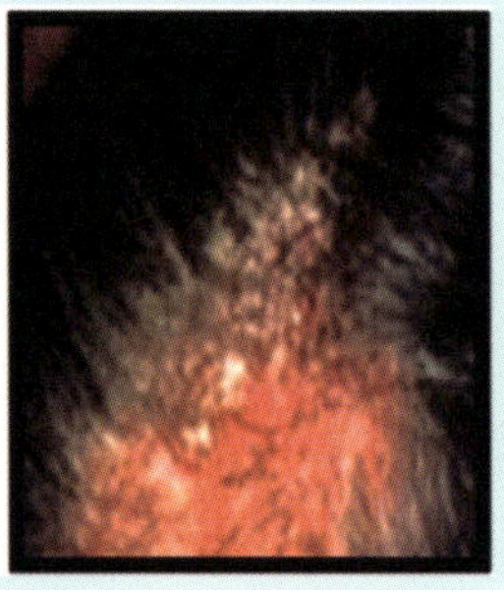

(지루성 피부염)두개피의 특징		
①	두피 톤	황색이나 적색으로 보임
②	모공 상태	막힘
③	모발 탄력도	낮음
④	피지분비량	많음
⑤	민감도	균에 의한 염증으로 예민함
⑥	탈모율	점차 증가
⑦	각질 두께	두꺼우며 황갈색 빛을 띰
⑧	기타 증상	가려움, 염증, 탈모 동반 가능성이 큼

9. **다음의 두개피를 판독하고 특징에 관하여 서술하시오.**

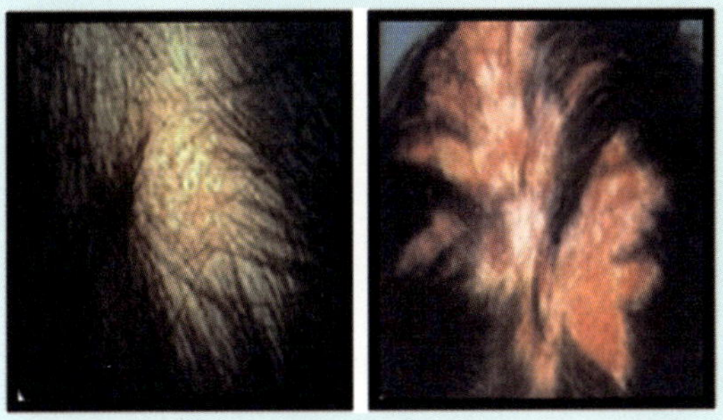

(두부백선)두개피의 특징		
①	모공 상태	막힘
②	각질 정도	두껍게 존재
③	가려움 현상	부분적으로 발생
④	두피 톤	회백색을 띠며 인설이 보임
⑤	모발 탄력도	문제 부분에 단모가 보이며 윤기가 없어짐
⑥	기타 증상	발생 형태에 따라 차이가 있으며, 문제 부위에 염증이 보임

<두개피 관리 실무> 정답																			
1	②	2	③	3	①	4	③	5	②	6	①	7	③	8	④	9	③	10	②
11	④	12	④	13	②	14	④	15	①	16	④								

서술형 문제 정답

01. 두개피 타입에 따른 관리방법에 관하여 서술하시오.

1) 정상 두개피

(1) 관리의 초점

- 영양공급의 균형을 맞추어 준다.
- 매일 샴푸하여 청결을 유지한다.
- 현재의 상태를 유지하는 것에 중점을 두어 관리한다.
- 어깨의 근육을 풀어 혈액순환이 원활히 되도록 유지한다.
- 정상적인 각화 주기를 유지하기 위하여 각질이 쌓이지 않도록 청결을 유지한다.

(2) 관리방법	
①	상담(문진, 시진, 촉진, 검진)
②	두개피 판독(진단기)
③	브러싱 및 마사지
④	헤어 스티머(5~10분 정도)
⑤	스케일링
⑥	헤어 스티머(10분 정도)
⑦	두개피 세정(정상 두개피용)
⑧	타월 드라이 및 두피 건조
⑨	두개피 영양공급 : 영양공급용 앰플 사용
⑩	적외선 조사
⑪	마무리

2) 건성 두개피

(1) 관리의 초점

- 건성 두피용 샴푸를 사용한다.
- 건조로 생긴 각질을 먼저 제거한다.
- 드라이의 과도한 열사용을 자제한다.
- 유·수분 공급으로 각질세포를 진정시킨다.
- 막힌 모공의 세척과 혈액순환 촉진에 중점을 둔다.
- 깨끗해진 두피에 영양을 공급해 건강해질 수 있도록 관리

(2) 관리방법

①	상담(문진, 시진, 촉진, 검진)
②	두개피 판독(진단기)
③	브러싱 및 마사지
④	헤어 스티머(5~10분 정도)
⑤	스케일링제 도포
⑥	헤어 스티머(5~10분 정도)
⑦	스티머 사용 시 온도 주의(40℃) : 과도한 열을 사용하는 것을 주의
⑧	두개피 세정(건성 두개피용)
⑨	타월 드라이 및 두피 건조
⑩	두개피 영양공급 : 영양공급용 앰플 사용
⑪	적외선 조사
⑫	마무리

3) 지성 두개피

(1) 관리의 초점

- 피지 산화물을 제거한다.
- 염증이 있을 때 치료 후 관리한다.
- 두피 세정과 피지 조절에 초점을 맞추어 관리한다.
- 피지의 산성을 되찾아 두피에 대한 보호기능을 회복시킨다.
- 두피 자체가 신진대사를 원활히 하도록 하여 세균에 대한 저항력을 키운다.

(2) 관리방법

①	상담(문진, 시진, 촉진, 검진)
②	두개피 판독(진단기)
③	브러싱 및 마사지
④	헤어 스티머(5~10분 정도)
⑤	스케일링제 도포
⑥	헤어 스티머(5~10분 정도)
⑦	두개피 세정(지성 두개피용)
⑧	타월 드라이 및 냉풍을 사용한 두피 건조
⑨	두개피 영양공급 : 피지 조절용 앰플 사용
⑩	적외선 조사
⑪	마무리

4) 민감성 두개피

(1) 관리의 초점
• 저자극 민감용을 이용하여 보습과 혈액순환을 촉진한다. • 두개피의 유·수분 밸런스 조절에 힘쓴다. • 샴푸 시 두개피에 자극이 가지 않도록 한다. • 규칙적인 생활 습관과 스트레스 관리를 위한 노력을 한다. • 청결하게 유지하여 세균이 번식하지 않도록 위생을 철저하게 한다.

(2) 관리방법	
①	상담(문진, 시진, 촉진, 검진)
②	두개피 판독(진단기)
③	브러싱 및 마사지
④	헤어 스티머(5~10분 정도) : 스티머 사용 시 온도 38℃, 5분 내외
⑤	스케일링제 도포 : 스케일링 시 자극에 주의
⑥	자연방치
⑦	두개피 세정(민감성 두개피용)
⑧	냉풍으로 드라이 두피 건조
⑨	두개피 영양공급 : 민감 진정용 앰플사용
⑩	적외선 조사 : 과도한 열을 사용하는 것을 주의
⑪	두개피 이완 마사지
⑫	마무리

5) 비듬성 두개피

(1) 관리의 초점

- 비듬균의 증식 억제를 위한 항균 전용을 사용한다.
- 규칙적인 생활 습관과 스트레스 관리를 위한 노력을 한다.
- 피지의 산성을 되찾아 두피에 대한 보호 기능을 회복시킨다.
- 청결하게 유지하여 세균이 번식하지 않도록 위생을 철저하게 한다.

(2) 관리방법

①	상담(문진, 시진, 촉진, 검진)
②	두개피 판독(진단기)
③	브러싱 및 마사지(부드럽고 약하게)
④	헤어 스티머(5~10분 정도): 45℃, 10~15분 내외로 사용
⑤	스케일링 : 스케일링 중 염증 및 농 발견 시 세균 전이에 주의
⑥	헤어 스티머 및 자연방치
⑦	두개피 세정(비듬용 항균 제품 사용)
⑧	냉 드라이 두피 건조
⑨	두개피 영양공급 : 비듬용 항균 앰플 사용
⑩	적외선 조사
⑪	두개피 이완 마사지
⑫	마무리

02. 다음 두개피의 경혈점에 관한 명칭을 쓰시오.

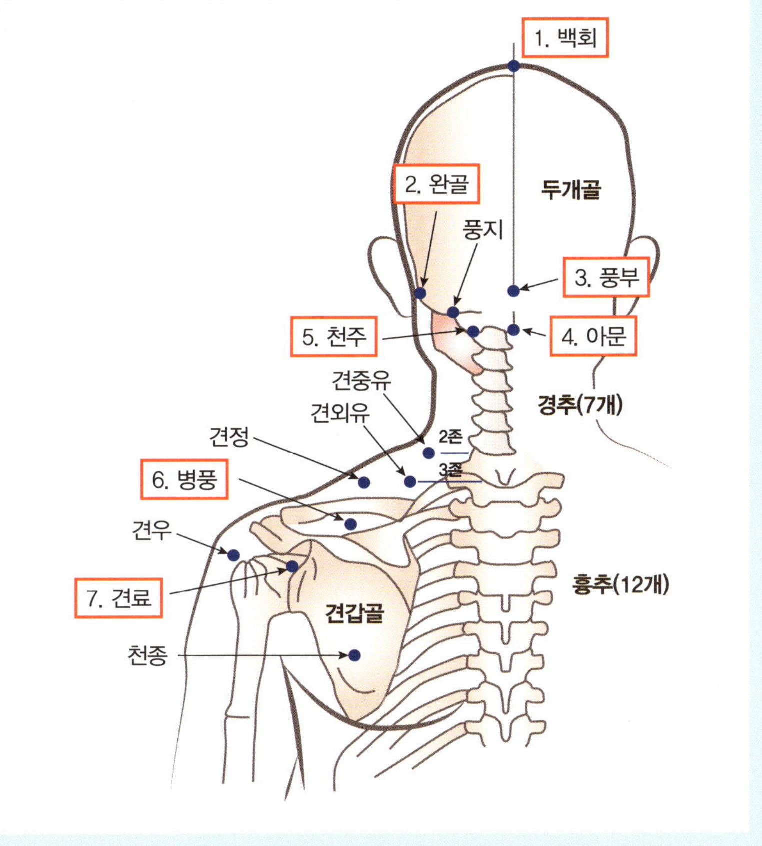

1. 백회 / 2. 완골 / 3. 풍부 / 4. 아문 / 5. 천주 / 6. 병풍 / 7. 견료

03. 샴푸 매니플레이션 기법에 관하여 서술하시오.

종류	방법
문지르기	손가락의 표면을 이용해 두개피부를 압을 주며 문지르는 동작이다.
지그재그	손가락을 두상을 따라 지그재그로 움직여 문지르는 동작이다.
양손교차하기	양 손가락 사이로 양손을 교차시켜 비벼주는 동작이다.
나선형	손가락이나 손을 둥글게 쥐어 둥글리며 마사지하는 동작이다.
튕겨주기	손가락으로 두개피부를 잡아 가볍게 튕겨주는 동작이다.

04. 이온에 따른 계면활성제의 구분에 관하여 서술하시오.

종류	방법
음이온 계면활성제	세척제, 기포제, 침투제, 습윤제 등에 사용한다.
양이온 계면활성제	살균제, 소독제, 직물 가공제, 분산제 등에 사용한다.
양극이온 계면활성제	살균제, 샴푸제, 섬유 처리제 등에 사용한다.
비이온 계면활성제	세제, 식품, 화장품, 약, 샴푸, 치약 등에 사용한다.

05. 컨디셔닝 매니플레이션 기법에 관하여 서술하시오.

종류	방법	
경찰법	압력을 사용하지 않는 동작으로 손바닥, 네 손가락, 엄지 등을 이용하여 연속적인 동작으로 가볍게 문지르는 마사지 기법이다.	
강찰법	혈액 순환 촉진 및 노폐물 제거를 위하여 피부를 강하게 누르면서 진행하는 마사지 기법이다.	
유연법	근육이 많은 부분에 양 손바닥이나 손가락으로 근육을 잡고, 집어 주물러서 근육을 풀어주는 마사지 기법이다.	
진동법	경련과 마비에 효과적으로 기능을 전달하기 위하여 손이나 바이브레이터를 사용하는 마사지 방법이다.	
고타법	탭핑	손가락 바닥을 이용하여 두드리는 방법이다.
	스랩핑	손바닥으로 두드리는 방법이다.
	컵핑	손바닥을 컵 모양으로 만들어 두드리는 방법이다.
	핵킹	손등으로 두드리는 방법이다.
	비팅	주먹을 살짝 쥔 후 두드리는 방법이다.

참고문헌

- NCS이용학습모듈(2016). 두개피 관리. 직업능력개발원.
- NCS이용학습모듈(2016). 모발관리. 직업능력개발원.
- NCS이용학습모듈(2016. 샴푸와 트리트먼트. 직업능력개발원.
- NCS이용학습모듈(2016). 염 · 탈색. 직업능력개발원.
- 강영희(2014). 생명과학대사전. 도서출판 여초.
- 고경숙 · 윤복연(2014). 최신 두피모발관리학. 도서출판 청구문화사.
- 곽진만 외(2017). 스페셜헤어컬러리스트. 도서출판 청구문화사.
- 국제두피모발협회(2016). NCS를 활용한 두피모발관리학. 군자출판사.
- 김명주 외(2011). HAIRCLINLC. 현문사.
- 김민정 외(2007). 모발과학 및 관리학. 도서출판 청람.
- 류은주 외(2012). 염·탈색미용교육론. 한국학술정보(주).
- 류은주 · 김종배(2004). 모발미용학개론. 이화.
- 류은주 · 오강수(2012). 스캘프 샴푸 및 트리트먼트교육론. 한국학술정보.
- 모발학(2004). 국제미용교육포럼학술위원회 편저. 도서출판 청구문화사.
- 송지형 외(2008). TRICHOLGY. 도서출판 트리콜러지.
- 장병수 · 이귀영(2011). 최신모발학. 광문각.
- 조성일(2015). 두피생리학. 현문사.
- 조성일(2018). 메디컬 두피탈모관리학. 하누리.
- 채범석 · 김을상(1998). 영양학사전. 아카데미서적.
- 한국두피모발관리사협회(2011). 최신두피모발관리학. 군자출판사.
- 한국두피모발연구학회(2010). Trichologist Level II . 훈민사.
- 한국모발학회(2006). 두개피육모관리학. 이화출판사.
- 한국미용교과교육과정연구회(2016). 미용사 일반실기시험에 미치다. 성안당.
- 국립중앙과학관. 식물도감.
- 김수경 외(2016). 아로마테라피 기초에서 치료까지. 빅애플.
- 김연숙 외(2014). 아로마테라피. 도서출판 메디시안.
- 박은진 외(2011). 테라피스트를 위한 아로마테라피입문. 한국아로마테라피인증학회.
- 살바토레 저, 권소영 외 역(2008). 아로마테라피 완벽 가이드. 현문사.
- 안홍석 외(2006). 아로마테라피솔루션. 정담미디어.
- 와다후미오 저, 임정희 역(2013). 아로마테라피 교과서. 이아소.
- 이순희(2004). 아로마테라피를 이용한 두피 및 모발관리. 한국모발학회지.
- 최미경(2015). 아로마테라피 가이드. J&C벤자롱(주).
- 최승완(2019). 에센셜 아로마테라피. 의학서원.
- 한국직업정보시스템http://www.work.go.kr